幸福
文化

書店員は見た!
本屋さんで
起こる小さなドラマ

你好，我是書店員

今天想找哪本書？59則和買書有關的讀者故事，
還有職人的工作日常與推書清單

森田惠
Morita megumi　葉韋利◎譯

前言

「你想來書店工作嗎？」（我是來應徵咖啡店員耶？）

正式成為書店店員，是大約八年前的事了。

當時因為先生調職的關係，辭掉了工作、跟著先生來到石川縣，加上小女兒剛上小學，一下子有了很多自己的時間。起初我還能享受閱讀的興趣，但沒多久，這種日子就過膩了……。

現在回想起來，或許冥冥之中有一股力量牽引著我（誇張）。

有一天，我晃到書店附設的咖啡廳，坐在位子上長吁短嘆：「唉，怎麼這麼無聊！」就在這時，我看到面前貼了一張咖啡廳的徵人啟事。

「……好！我要工作！」

日日是好日。我立刻衝到書店的文具區買了履歷表，到外面的快照機拍了大頭照，當天就把履歷寄出去。在求職的動機裡，我積極地強調了自己喜愛閱讀與咖啡。

幾天後，我接到咖啡廳負責人員的電話，隔天就前往面試。所謂的順水推舟，就是這麼回事嗎！我心裡這麼想。但真到了面試階段，發現面試官好像不太對勁。

首先，外表看起來就不像咖啡廳的人，比較像是書店員……，而且對方根本穿著書店的圍裙呀。

雖然愈來愈不安，但畢竟是面試，無論如何還是希望能錄取。

「既然是書店裡附設的咖啡廳，搞不好負責人就是書店人員呢。」我重整思緒。個人的優點，就是正向積極。

然而，面試官開始淨是問我一些跟書店有關的問題，讓我內心的問號愈來愈大：最近讀了什麼書、今年的話題書有哪些，還有身為顧客對這間書店的看法等等。

這實在太詭異了。難道我原本打算寄履歷到咖啡廳，卻一不小心糊里糊塗寄到書店了嗎？

看著一臉狐疑的我，面試官大叔說了。

「森田小姐，雖然您應徵的是咖啡廳店員，但如果書店想錄取您，您意下如何？」

欸不是啦！這麼重要的事情一開始要先跟人家講呀！雖然我當場有些不知所措，但喜歡咖啡也喜歡書，總之，能夠賣喜歡的東西，就不計較這些了啦！

於是，我笑咪咪地回答。

「只要您願意錄用我，我就非常感謝了。」再次強調，正向積極就是我本人的優點。

我的書店店員生涯，就這樣以意想不到的插曲展開了。

請問～
這本書
在哪裡呢？

目次

SHOTEN BOOKS
午安，你好。
午啊～

不小心閃到腰了…
讓我來吧！

好厲害喔～
已經盡力了
小兔兔與小熊

第1集 揭開書名之謎！

在意想不到的發展下獲聘成為書店店員，有好長一段時間我還搞不清楚狀況，每天都手足無措。

首先，結帳作業好複雜。再來，因為是一家大型書店，店裡非常寬敞，每個地方很難記得住。除此之外，結帳時附加的贈品種類也實在太多了吧！每位書店店員真的都記得住嗎？！

「這我搞不好做不來……」某天，我忍不住要抱怨了。

這時，店裡有位顧客來問我。

「小姐！我要找一本書，叫做《報上名來》。」

開口的是一位看似快八十歲的老先生。從書名聽來，大概是一本時代小說的文庫版吧？

我請他先到服務台前的椅子坐下，在系統內搜尋書名，卻找不到看似老爺爺會讀的書。

老先生這時又說了：「我不知道作者是誰，也不知道何時出版的，只曉得書名！」

可是啊，就連唯一的線索「書名」也找不到呀！

老爺爺看著一籌莫展的我，覺得很傻眼。

「這本書還拍成電影耶。真的沒有嗎？虧我孫了拜託我來買！」

就在那一瞬間，我的腦袋吹過一陣風，那首超有名的電影主題曲副歌旋律響起。

「是《你的名字。》吧！！」

老爺爺啊，您面對找尋好久的人，好不容易見到對方時第一句話卻是跟人家說「報上名來」，這會不會太高姿態啦？

拿著文庫本給開心到鼓掌的客人，「對，就是這本！」在結帳櫃台把包好的書本遞給顧客時，我心想——

原來……這就是書店店員的工作啊。

「或許，我能勝任這份工作耶。」

倒不是說我面對像是猜謎般的詢問都能找到答案，而是我認為，「這麼有趣的工作，全世界搞不好再也找不到了」。

是說，在目送老爺爺離開之後，「請問……」一位年長的女性來問我。

「有沒有為丈夫去世的人寫的書呢？」

符合條件的有兩本，而且都是暢銷書。

第一本是《丈夫的善後》（夫の後始末），另一本則是《從兩個人到一個人》。

書名衝擊性較強的前者，是記述從照護先生到成為一個人這段經歷的作品；後者則是思念已過世的丈夫，記述之後自己　個人的生活。

工作幾個月之後，我已經體悟到「不知道書名也不知道作者是誰」的這種詢問，其實是家常便飯（笑）。

果然，這麼古怪又有趣的職業，其他地方再也找不到吧……我不禁這麼想。

我的推薦

《丈夫的善後》(夫の後始末)[1]

(曾野綾子/講談社)

記述從照護到送走先生最後一程的經歷，雖然有著聳動的書名，內容卻充滿了夫妻多年來彼此扶持的愛情，從字裡行間能感受到作者曾野綾子高尚的人格。

《從兩個人到一個人》

(津端英子、津端修一著，李毓昭譯/太雅)

前一部作品中細細描寫夫妻的生活情景，也曾改編為電影。本書則是記述先生過世後的日子，雖然有些寂寞，但文字依舊優雅細膩，充滿了對先生的愛！

1 編注：全書的推薦書單，若無繁體中文翻譯版本，會附上原書名；書單中，部分繁中版本書籍已絕版。

書店店員大小事

書店店員的標準裝備

*也有一些書店並無服裝相關規定

第2集　求婚的結果是……

當了書店店員之後，讓我很驚訝的是有很多人會選書當作禮物送人。針對兒童選書的人不少，但要送給朋友和伴侶等等的人，竟然也比想像來得多，真是開心。

某一天，有位看起來認真老實的眼鏡男來到櫃台前，看起來不到三十五歲吧？雖然他是第一次來詢問，但其實我已經在店裡看過他好幾回，算得上是常客了。

他一臉嚴肅，「那個，我決定要求婚了……」

我心想，嗯？怎麼會在書店裡講這個？繼續聽下去才知道，他想挑一

本繪本和求婚戒指一起送給女友。

「女朋友是托兒所老師，對繪本很熟悉，可是我完全不了解……」

我對露出苦笑的顧客說，如果是這樣的話，我會推薦《兔子的婚禮》。書裡的情節是黑兔子希望永遠和白兔子在一起，和準備要求婚的男子有著類似的心情。

他帶著包裝精美的繪本離開，至於求婚結果是否順利，照理說我這個書店店員應該無從得知，沒想到卻由後來到店裡的一名顧客揭曉了答案。

「我想要訂一本書。」提出要求的是位年輕女性，有著一頭亮澤褐髮，全身上下籠罩著幸福光輝。

她要找的是如何製作玩偶的工具書。「男友求婚的時候送我一本兔子繪本，所以我想自製兔子玩偶當作婚禮小物。」

喔喔喔！Congratulations！恭喜啊！眼鏡先生！！

我偷偷對旁邊的同事使了個眼色，在心裡為新人拉禮炮，並對顧客說：「恭喜您，祝您有美好的婚禮。」她接著說，「婚禮上我們也會提到求婚時兔子繪本的小插曲。婚紗跟西裝剛好就像白兔子和黑兔子，很可愛吧，他真是神來一筆呢！」看著她滿面笑容，我也感染了幸福的氣息。

對了，我還推薦了眼鏡男另一本繪本《明天你還愛我嗎？》。這也是一本非常知名的佳作，坦率地描寫了對珍愛之人的心意。

久違地再次翻閱後，對於平常被我疏忽的先生，我深切反省該更珍惜他才對，非常推薦給想要找回初衷的讀者！

我的推薦

《兔子的婚禮》

（哥斯．威廉士著，馮季眉譯／字畝文化）

故事主角是兩隻感情深厚的兔子。雖然是已經出版超過五十年的繪本，至今仍受到讀者喜愛，堪稱經典。除了作為結婚賀禮之外，讀給孩子聽也很棒！

《明天你還愛我嗎？》

（大成由子著，游珮芸譯／玉山社）

「如果明天就是世界末日，你會怎麼辦？」面對她的問題，他的回答是……？藉由這本書，能夠再次體認到愛一個人原來是這麼回事，最適合代替信件送給心愛之人的禮物。

第3集 和睦的夫妻&和樂的家庭，好溫馨

前幾天來到服務台的男性顧客，看起來大概不到三十五歲，一身西裝穿搭得宜。

「您想找什麼類的書嗎？」聽我這麼問，他有點難為情地說：「我太太在住院中，沒什麼事做……」他那副靦腆的表情，好可愛……！

我一邊暗自對人夫心動，同時詢問他的夫人平時喜歡看什麼書，「呃，我從來沒見過我太太看書。」咦？漫畫呢？「她也不看漫畫。」

哇啊啊啊（在心中尖叫）！！你居然跑來買書給從來不看書的人！

既然這樣，只能研究一下她是什麼樣的人、找出她可能會喜歡的書

了。一問之下，男子突然露出開心的表情。

「去年冬天很冷對吧？我太太很怕冷，就上網買了一條電熱地毯。結果尺寸弄錯，收到一條超大 size 的。」

喔喔喔，我在心裡暗道，是個有點神經大條、很可愛的人呢。

「因為實在太大件了，我跟她說『查查看能不能退貨吧』就去上班了。沒想到回家之後，看到電毯被剪成適合放在客廳大小的尺寸，裡頭的電線還露出來。我說『欸這樣很危險，不能用了啦！』她才恍然大悟，『咦？是哦～？』我老婆就是這種個性。（笑）」

啊～喔。雖然聽了這些話，還是完全不知道她愛看什麼類型的書，但充分了解到這位太太的個性真逗趣！

那麼，要為這位有趣的太太推薦什麼樣的書呢？我左思右想後，挑了《每天回家老婆都在裝死》。這本漫畫來自一對夫妻在網路上實際提問而衍生出的生活故事，每天用各種手段裝死的妻子，她的行為究竟是惡作劇或是別有用意，相信這位個性逗趣的太太一定能從中獲得共鳴。

此外，我還推薦了《四葉妹妹》給先生。這部漫畫描寫的是五歲女孩四葉的生活。

四葉的爸爸，是全世界最棒的父親（我個人認為）。

在妻子出院之前得一個人帶小孩的這位顧客，說自己「現在體會到一個人帶孩子有多辛苦了」，這句話令我印象深刻，因此推薦他這套漫畫。

結果，這位客人兩本書都買了。一星期之後，他帶著孩子又來買書！

我心想，全家人一起看漫畫，不就是和樂融融的證明嗎？

我的推薦

《每天回家老婆都在裝死》

（K.Kajunsky 著，ichida 繪，怪獸 R 譯／推守文化）

描繪有驚人之舉的妻子與冷靜的丈夫之間日常生活的漫畫。夫妻的性格對比相當有趣，丈夫寬容的個性令人備感療癒又溫馨。

圖片提供：台灣角川

《四葉妹妹》

（あずまきよひこ作，咖比獸譯／台灣角川）

故事內容描寫小女孩四葉的日常生活。主角四葉妹妹充分展現了第一集書腰上的文案：「無論何時，今天就是最開心的一天」，太歡樂了！從頭到尾都沒有出現任何壞人的這點也很棒。

第4集
讀書報告對家長來說，也是一件大事

暑假開始啦！書店在這段期間會設置自由研究或讀書報告專區，充滿蓬勃朝氣。我也立刻到家附近的書店幫兒子（高一）購買寫讀書報告要讀的書。「這位作家很棒喔！這本很適合寫讀書報告。不過，要是依照你的喜好，可能這本比較好。」或是「這本書雖然出版很久了，但還是應該要讀一下！」就像這樣，連珠砲似猛轟的媽媽（我）與遭到轟炸的兒子。

趁著兒子去結帳時，我在書架間閒逛，旁邊有名女子來跟我搭話。「請問～有沒有推薦適合中學生寫讀書報告的書呢？」

咦？我現在是顧客吧？而且我來買書的地方不是自己的工作的書店，

是其他家書店耶！這個詭異的狀況究竟是怎麼回事……？結果我還是介紹了幾本書，無意之間為其他書店貢獻了營業額。

這次就以番外篇（？）的形式開頭。不過，在我任職的書店也陸續有顧客來詢問適合寫讀書報告的書籍。

「這本是暢銷書，應該很不錯吧？」確實是本好書，但描寫女性老年生活的作品，適合給小學生閱讀嗎……？

「我們家小孩平常不太看書，這個怎麼樣？」但這部作品一套總共四冊，太挑戰了吧！常遇到類似這樣的狀況。

「這本適合寫讀書報告嗎？」聽到詢問後，我回說「這本書非常適合喔～」，對方立刻掏出筆記本、手拿著筆，「既然這樣，可以請妳告訴我整本書的大綱嗎？」喂喂喂，這位客人！不可以這樣啦（笑）！這段時期在書店裡，往往能窺見為人母親的真本事。

話說回來，我推薦《鏡之孤城》和《再見，田中先生》（さよなら、

田中さん）這兩本書。前者是獲得二〇一八年書店大獎的名作，（我推薦）家長們也請務必一讀！至於《再見，田中先生》，作者竟然是中學生！希望同年齡的孩子一定要讀讀，而這本書的內容，即使不知道作者的年齡也會覺得很棒。

最後追加一本，是我推薦給兒子的《第六個小夜子》。當聽到兒子告訴我「上次妳買給我的那本小說，超好看！」時，身為書店店員及母親的我，忍不住暗自比了個勝利手勢。

我的推薦

圖片提供：皇冠文化

《鏡之孤城》

（辻村深月著，劉愛夌譯／皇冠文化）

拒絕上學的中學女生往來於鏡中與現實世界的奇幻青春小說。很久沒遇到可以這麼爽快就推薦給國高中生的作品，從家長的觀點來看也能獲得共鳴。

《再見了，田中先生》（さよなら、田中さん）

（鈴木露莉佳[2]／小學館）

這是關於一名生長在貧窮單親家庭的小學六年級女孩的故事。聽到作者是中學生時令人大吃一驚，但這一點並不重要，因為故事本身有趣，賺人熱淚，從小學高年級到成人的讀者們都相當喜愛。

2 編註：2003 年出生於東京都。14 歲出道作品《再見了，田中先生》暢銷 10 萬冊，史上第一位連續三年榮獲小學館主辦的「12 歲文學獎」大獎。

第5集 難為情的書名也無所謂

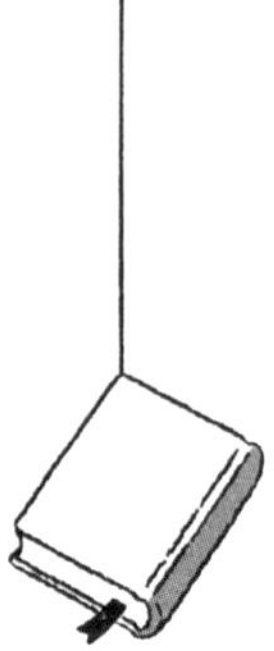

「您好。請問明天預計上架的《○○的╳╳是＊＊》已經進貨了嗎？這樣啊……」「您好，請問明天預計上架的《○○的╳╳是＊＊》……」

預計明天上架的《○○的╳╳是＊＊》（→書名令人難以啟齒的BL漫畫）因為出了一些狀況，本書店沒有順利進貨（哭）。由於有顧客預訂，我只好打電話去其他分店詢問能不能先調貨過來，結果接二連三遭到回絕，我只得站在收銀台旁的櫃台，不斷重複令人難為情的書名。雖然經過的顧客都露出驚訝的表情，但這時我已經顧不了這麼多，我的使命就是要讓預購的顧客們都能順利拿到《○○的╳╳是＊＊》。就在擾亂店內風紀的情況下持續問了幾十分鐘後，終於全數調齊。幹得好！相信今晚的啤酒喝起來會更暢快！

好啦，這次就來聊聊令人難以啟齒的書名吧（鋪陳得也太長）！《老公的陰莖插不進來》這本書的書名也相當震撼，引起熱烈討論，在本書店也不時售完，得打給出版社追加數量，訂購時當然不免要提到書名。嗯，無論在書店或出版社都是工作，我們都能若無其事地講電話……。

「您好，這邊是〇〇書店，我們想下單。書名是《老公的……》」「是《插不進去》嗎？」出版社那頭搶著接話，不讓我講完完整書名。對於這種種貼心之舉，真是太感謝了（笑）。

至於這本書名勁爆的作者，她的第二本作品《這裡是終焉之地》（ここは、おしまいの地）也是佳作。雖然敘述的是內心的軟弱，但文字雋永、不時會讓人忍不住笑出聲來，巧妙的平衡教人著迷。

還有，最近收到許多詢問的是《不好意思，說點低俗的日記》（ビロウな話で恐縮です日記）。

這本三浦紫苑的知名作品，最近出了文庫版。看到顧客有點難為情地開口問，「呃，那個……」時，都讓我忍不住覺得「好可愛！」嗯嗯，的確是不太好意思。但這本書真的很有趣喔！讀完之後，此刻的難為情會立刻煙消雲散！再說，無論什麼樣的詢問書店店員都習以為常，請各位別客氣，放輕鬆～

想想說出那些平時講不太到的用語，總覺得自己變得有趣些了。

我的推薦

《這裡是終焉之地》（ここは、おしまいの地）

（Kodama／太田出版）

以「終焉之地」這個作者命名的土地為舞台，採取自傳式文風的隨筆集。作者看似並非刻意營造，卻是讓人歡笑、熱淚，充滿奇妙吸引力的一本佳作。

《不好意思，說點低俗的日記》

（ビロウな話で恐縮です日記）

（三浦紫苑／新潮文庫）

能寫出令人這樣捧腹大笑的短篇集，竟然是直木賞得獎作家，反差也太大！每篇短文後作者自行加上的註腳大大增添趣味。文庫版有加上 Jane Su 的解說，絕對不能錯過。

第6集 實用書的背後也有小劇場

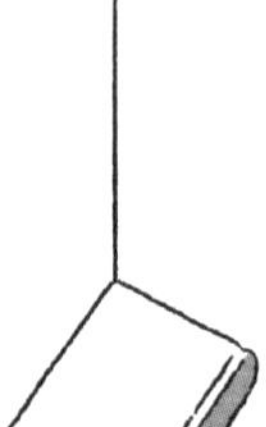

買收納整理教學書的人，結果錢包亂七八糟，連集點卡都找不到。是不是該先整理錢包？買家庭記帳本的人結帳時說不需要收據。記帳本是從明天開始使用嗎？

跟對方說《這麼做的話就會幸福（暫定書名）》這本書籍目前缺貨時，對方竟然「嘖」了一聲。那本書好像有寫「笑容很重要」唷☆

購買實用書的顧客，有時候行為會出現很大的矛盾哪……（笑）。

前幾天，有位據說是經營小工廠的老伯來到店裡。

「有沒有《日本離職率最低的公司》（日本一社員が辞めない会社）

這本書？我們工廠上個月就有四個人離職了耶（笑）。」我心想，阿伯，這可不是好笑的事呀！但老伯還是買了這本書。然後隔天……

一名看似剛進社會，穿著全新套裝的女孩來到書店。說跟主管處得不好，今天又被罵了，「書桌雜亂就代表內心雜亂！」這讓我想到一本書。《整理桌面與心情。煥然一新，我的工作時光》（デスクと気持ちの片づけで見違える、わたしの仕事時間）。當初閱讀的時候，很希望讓年輕的自己也讀讀這本書。

「我去幫您拿過來。」我才剛站起來，昨天的老伯就在另一張椅子上一屁股坐下。「昨天那本書我讀了，反省自己真的太不了解年輕人，所以我想來買可以知道現在年輕人在想什麼的書！」

年輕女孩瞪大了眼看著老伯（阿伯，這就是問題啊！）。我對他說：「前面還有人在等哦。」女孩回答：「不要緊，我可以等，您先請。」

那麼，我要推薦的是《動機革命：寫給不想為了錢工作的世代》，這本書以理論手法來記述現代年輕人與主管那一代的差異。我簡單說明後，老伯回了句「我要買！」就往收銀台走去。

櫃台再次恢復寧靜，我對剛才那個女孩說：「請稍等，我去拿書。」

「麻煩您。然後，剛才您介紹給那位先生的書，我也想買來看看，裡頭也有關於主管世代的說明吧？」

若不是碰巧遇到那位老伯，這本書或許就不會到女孩的手上，希望她會因此有新發現！

我的推薦

《整理桌面與心情。煥然一新，我的工作時光》（デスクと気持ちの片づけで 見違える、わたしの仕事時間）

（Emi ／ Wani Books）

乍看像是整理桌面的指南，其實不僅如此，從書中很多小事情的累積之下，或許能大大改變面對工作的態度。書中列舉許多實際案例，也是推薦的一大重點。

《動機革命：寫給不想為了錢工作的世代》

（尾原和啓著，鄭曉蘭譯／平安文化）

以簡單易懂的方式說明現代年輕人與主管世代對於工作上態度的差異。即使從為人母親的觀點來看，也有許多恍然大悟的部分，很希望主管、前輩世代能夠閱讀且當作處方箋的一本書。

第7集

眼淚與翻白眼是育兒的生活日常？

各位好，今天兒子又罵我是「臭老太婆」了。聽說啊，會被兒子罵臭老太婆，證明孩子順利進入青春期，也就代表媽媽育兒成功，是這樣嗎？所以我育兒成功了（翻白眼）！

提到煩惱的母親，世界上還有很多呢！我想到前幾天和女兒到圖書館時發生的事。

我坐在長椅上看書，女兒突然慌張地跑過來，「媽媽！給我面紙！」還以為她是不是流鼻水了，拿出面紙要遞給她時，一抬起頭就看到……

哇！女兒正把面紙塞給一名在哭的年輕媽媽！

順勢關心發生什麼事，「我帶小孩帶得很傷腦筋，剛搬家又找不到能商量的對象，想打電話給家鄉的好朋友聊聊，結果對方還沒結婚，最近好像又忙於工作……」真是沉重的煩惱。難怪她要哭了！

當時我只能聽她傾訴，然後就道別了。沒想到幾天後，看到她神清氣爽出現在書店。她說先生休假跟孩子待在家裡，要她出去散散心。她想到之前在書店看過我，於是特地來道謝。

「想要您推薦我好書。」聽她這麼說，我就介紹了兩本輕鬆易讀的書，很適合在帶孩子的空檔看。

第一本是《總之令人期待的花園》（みしのたくかにと）。這本繪本是當年兒子還小的時候，其他媽媽前輩介紹給為了育兒而煩惱的我。表面上是讀給孩子聽的開心童話故事，其實裡頭蘊含了很多給媽媽的啟示！

另一本是《A小姐的狀況。》（Aさんの場合。）。故事從在同一間公司任職的單身A小姐與已婚B小姐兩人的視角發展。身為女性，一定對

A小姐、B小姐的心情都能感到共鳴吧！

回想在圖書館遇到年輕媽媽的那天，回家路上，女兒的喃喃自語讓我印象深刻：「原來，大人也會哭喔。」是啊，大人也一樣，有傷心的日子、寂寞的日子，當然也會有非常開心的日子。

媽媽小時候也不知道，長大成人後會有這樣的日子呢！

「對耶，這麼說來，媽媽經常在哭嘛。」

女兒啊~或許有一天妳也會懂，母親是世界上最愛流淚的生物啊！

我的推薦

《總之令人期待的花園》

（みしのたくかにと）

（松岡享子著，大社玲子繪／小熊社）

胖奶奶撒下的種子整救了王子。這本宛如外國童話的繪本，其中蘊含著各種育兒的啟示。如同打啞謎的原文書名，謎底就在書中內容裡。

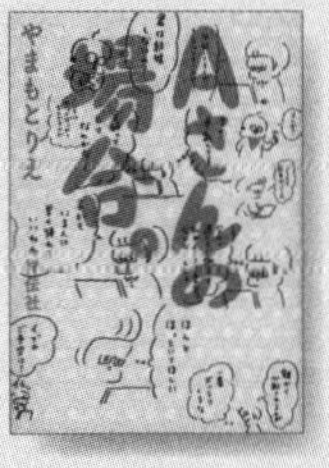

《A 小姐的狀況。》（A さんの場合。）

（やまもとりえ／祥傳社）

從單身 A 小姐與已婚 B 小姐兩位女性的視角所描繪的輕鬆十六格漫畫。雖然兩人在各方面處於對立面而有不同觀點，但人們都有各自感受到的幸福、煩惱，相信讀者也會對書中的女性產生共鳴。

第8集

案發於聖誕節的書店裡

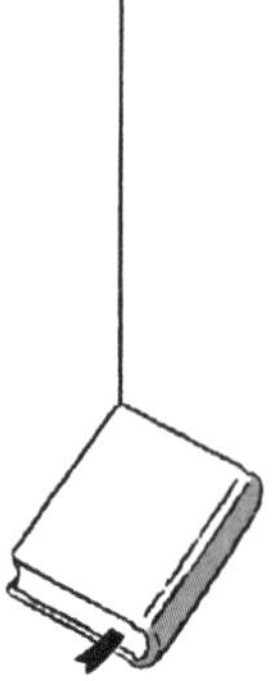

一年之中書店最忙碌的時期就是十二月。開始在書店工作後，我才知道原來有很多人會選擇送書來當作聖誕禮物，真是欣慰。不過啊，不過呢，十二月啊，真的超猛的，超！級！忙！碌！忙到語彙能力都變差了。

最右側的收銀台前，有一位買了十本書並希望每本分開包裝的顧客，書店後輩同仁正手忙腳亂地確認顧客所需要的包裝紙。在另一頭的臨時包裝區，同事陷入苦戰，包裝著外型不規則的繪本，主角是廣受兒童歡迎、有著麵包外型的英雄人物（圓臉）。

在這陣兵慌馬亂中，服務台來了一名穿著時尚的大叔，想訂購魔術相關的書籍。就在他歸還剛才用來填寫聯絡方式的原子筆時，咦？

原子筆變成兩枝、三枝……變魔術嗎？！之後接二連三出現的桌邊魔術也引起全場鼓掌喝采（順便一提，觀眾只有我一人），等到我覺得差不多該出現鴿子，滿心期待的時候，大叔竟然準備要離開。

沒想到下一秒他又說，「不好意思，我有東西忘了。」看我一臉莫名其妙，「小姐，看看妳右邊的口袋。」我伸手一掏，發現口袋裡有個小小的聖誕老人玩偶（錯愕）。

接下來是一名年近四十的女顧客。「可以幫我包一整套《名偵探柯南》嗎？」

哇————！太感謝了！現在出到九十五集了嗎？（指撰稿當時，現在已經出到一〇五集了）。雖然顧客要求包裝讓我差點昏了過去，最後還是努力包好並用小推車送到她的車上，讓顧客滿意地笑著離開。呃，不過整箱書真的很重，她能不能順利從車上搬回家裡呢……？

我踩著搖晃的腳步回到服務台後，接著出現的是年輕女性，說想為念大學的姪女以及念高中的外甥挑個小聖誕禮物。真是和平又幸福的詢問！

於是，我推薦她送給外甥伊坂幸太郎的《與偵探共度聖誕節》（クリスマスを探偵と），這是正適合聖誕節時給大人閱讀的繪本。

至於送給姪女，我推薦江國香織的短篇集《在寒冷的夜晚》（つめたいよるに）。由於這是文庫版，還可以挑款皮質書衣一起當作禮物。

瀰漫著幸福與喧鬧，這就是聖誕時節的書店。雖然贅述許多案例，但無論要求什麼樣的包裝，我們都會接受並努力完成的（笑）。

我的推薦

《與偵探共度聖誕節》

（クリスマスを探偵と）

（伊坂幸太郎著，Manuele Fior 繪／河出書房新社）

聖誕夜裡尾隨目標的偵探遇到了一名男子……。這是繪本形式的溫馨奇幻作品。符合推理小説作家的風格，情節多有反轉，當然少不了伊坂幸太郎特有的點綴元素。

《在寒冷的夜晚》（つめたいよるに）

（江國香織／新潮文庫）

全書收錄篇幅相當短的二十一篇文章。雖然是暢銷作家江國香織早期的作品集，卻都是令人揪心的內容。其中收錄進教科書的這篇〈公爵〉更是必讀！

書店店員大小事

12月就是馬不停蹄的包裝

第9集 即使年過七十歲，書店裡依然充滿新鮮感！

在暢銷漫畫上架這天，我們店裡會把當天上架的漫畫堆在收銀台前方。前幾天，有位看起來快八十歲、身穿和服的老太太買了《航海王》。我心想，是幫孫子買的嗎？便問她，「這本要分開裝嗎？」「我馬上要看，不用裝了。」我停下手猛然抬起頭，老太太笑著說：「呵呵呵~香吉士，不知道怎麼樣了呀！」竟然是她自己要看的！！這個小插曲讓我體會到，真的不能抱著先入為主的偏見哪。

後來，我跟老太太就成了彼此推薦漫畫的關係，經常在服務台開心聊天。某一天，有個二十出頭的女孩子來詢問，說要和歷史迷的男友去旅行。

「我對歷史真的一竅不通，很傷腦筋。希望有簡單易懂的介紹書。」

聽女孩這麼說，老太太答道，「去新潟的話，要不要試著讀《雪花之虎》（雪花の虎）呢？」老太太，這是我的工作吧？心裡雖這麼想，不過仍舊佩服這是個相當好的建議。

《雪花之虎》是描寫上杉謙信生平的漫畫，並以「謙信其實為女性」的浪漫觀點發展出故事。這部作品我自己也很喜歡，對老太太的品味百分之百贊同。

不過，我也得認真工作才行。我推薦給年輕女孩的是《超現代語譯 戰國時代 笑中帶淚戲劇化學習》（超現代語訳 戦国時代 笑って泣いてドラマチックに学ぶ）。之所以在眾多書籍之中推薦這一本，是因為真的太有趣了！！把日本史當作一齣戲，讓讀者以話劇（超現代語）的方式來閱讀，是全新的嘗試。

在愉快閱讀的過程中，不知不覺就記下了歷史大致脈絡與出場人物，事半功倍。連不擅長歷史的先生在我強力推薦下讀了之後，也說「好有趣！」是我真心推薦的一本。讀了本書之後，相信任何人（應該）都會愛上戰國武將！

後來，老太太和我共同推薦的這兩本書，女孩都買了。目送她離去的背影，老太太笑著問我：「有沒有什麼推薦給我的呢？」看著她的笑容，我備感壓力，顫抖問道：「《春心萌動的老屋緣廊》，您看過了嗎？」幸好她說：「我關注很久啦，但一直還沒讀呢！」讓我露出了滿足的微笑。

我的推薦

《超現代語譯 戰國時代 笑中帶淚戲劇化學習》(超現代語訳 戦国時代 笑って泣いてドラマチックに学ぶ)

（房野史典／幻冬舍文庫）

講述從應仁之亂開始的戰國時代歷史書籍。由於作者本身是搞笑藝人，全書不僅輕鬆易讀，還有讓人閱讀時忍不住嘴角上揚的趣味性。

圖片提供：台灣角川

《春心萌動的老屋緣廊》

（鶴谷香央理著，丁雍譯／台灣角川）

漫畫的主角是子女已經獨立、先生過世後獨自生活的老奶奶。某天，老奶奶竟然在書店發現了 BL 漫畫！有了新的興趣之後，生活變得更多采多姿。

第10集 到底是「什麼媽媽」寫的食譜？

「我想找一本什麼媽媽寫的食譜……」這種詢問還不少。「是什麼媽媽？」就算反問，顧客多半仍舊回答：「是什麼媽媽呢？感覺……好像是個什麼綽號之類的。」

您知道嗎？食譜區裡到處都是「什麼媽媽」的書名！我真想這樣大聲告訴顧客。來到書店，需要知道的不是「媽媽」這兩個字，而是前面的部分！「媽媽」這兩個字乾脆忘了也沒差啦，只要記得前面就行！這很重要，下次考試會考喔！

拚命搜尋的結果，最後發現顧客要找的書名不是「什麼媽媽」，而是

「天吉老媽」（真可惜☆）。

換個話題。平時經常來預訂漫畫、小說的一名二十五、六歲的女性常客，在閒聊時提到：「我超級不會做菜。就算看著食譜也做不好，前男友還說過『妳實在太不會做菜，真難想像跟妳結婚後的生活』，結果為了這個吵架，最後也因為這樣分手了……」

什麼？！這種男人早早分手才對啦！做菜這件事，就讓擅長的人去做不就好了嗎（怒）！

對那段往事她已經看開，認真想學做菜還特別買了書，卻仍舊失敗。我心想，與其這樣就別再推薦她食譜，而是跟料理相關的其他書籍。

第一本是《廣告公司男生宿舍的料理君》（広告会社、男子寮のおかずくん），書中出現的菜色看起來都好好吃，此外，書中介紹的工作生態也很有趣，一套雙享受的漫畫。

至於第二本則是《syunkon 日記 能在星巴克點一般咖啡的人，我敬佩

您》（syunkon日記 スターバックスで普通のコーヒーを頼む人を尊敬する件）。這本短篇集的作者是一位目前氣勢旺到無法擋的當紅料理家，全書內容有趣得不得了，而且不是只會搞笑，看完會令人佩服真的只有她才寫得出來。

「說不定讀了這些，會對做菜稍微有興趣呢。」顧客微笑著離開。過了差不多快一個月，某天她久違地來到書店，「最近有喜歡的人了～我決定生平第一次手做情人節巧克力送他。」女孩開開心心地買了學做甜點的食譜回去。

看來，離她來買「什麼媽媽寫的食譜」之日也不遠了？到時候來書店之前，記得要查好料理家作者的名字再來啊（笑）！

我的推薦

《廣告公司男生宿舍的料理君》

（広告会社、男子寮のおかずくん）

（OTOKUNI ／ Libre）

出場人物是每天相當忙碌的西尾君。因為每星期會挑一天在男子宿舍為四名同期的同事做菜，綽號就成了料理君，書中也附了立刻就能動手做的超實用食譜。以及，主要的四名角色都是大帥哥。

《syunkon 日記 能在星巴克點一般咖啡的人，我敬佩您》（syunkon 日記 スターバックスで普通のコーヒーを頼む人を尊敬する件）

（山本 Yuri ／扶桑社）

當紅料理研究家山本 Yuri 的短篇集。全書既有共鳴又有爆笑之處，讀到最後都讓人不忍釋卷，自然且直白的內容非常棒，有關祖母的小故事更是必讀。

第11集

孝順兒子的請求，就交給我！

這一天，書店也忙得不可開交。顧客接二連三的詢問，內容包括圖書禮券的訂購及禮物選項等等。終於輪到原本排在隊伍最尾端的高中男生結帳時，隔壁收銀台的同事說：「抱歉！有本一定要從書櫃拿出來的書，我可以暫時離開收銀台一下嗎？」「這邊交給我了！你先走吧！」[3]我要寶回答之後，正在結帳的高中生忍不住噗嗤一聲笑了出來（工作中要避免閒聊唷）。

就在這段小插曲發生的幾天後，高中生又來到書店。他已經決定升學，下個月上大學後就要一個人搬出去住。他告訴獨自扶養他的媽媽：

「妳這麼辛苦，讓我送妳個禮物吧！」沒想到媽媽回答：「你離家之後我會很孤單。送我一本精彩到能忘記寂寞的書好了，但絕對不可以是賺人熱淚的親子故事喔！」

「太難了！！」聽我這麼說，他有點難為情告訴我：「上次聽您開玩笑講這句台詞，感覺我媽也會這樣講……。不知道能不能請您介紹我好書呢？」

太、太可愛啦！好的！就包在我身上！（一有人誇就認真的類型）。

我介紹了幾本之後建議他，「不如挑個你自己讀了也喜歡的？」於是他決定「先到圖書館看了之後再決定」。幾天後，他認真讀完了要來書店買，這次他從媽媽平常不太讀的類型裡挑了兩本。

《商道世傳 金與銀》（《あきない世傳 金と銀 源流篇》）是我掛保證絕對精彩的一部時代小說，我本身也是引頸期盼下一集的讀者之一。另一本則是《小書痴的下剋上》，這是兒子從平常喜愛的輕小說中為愛讀書的母親精選的一本。「我第一次讀時代小說，很有趣耶。」他開心地帶著禮物回家。

後來，在新學期開始將近一個月後，他的母親來到書店道謝。「我要兒子送精彩到忘了哭的書，結果一想到是兒子送的，我又哭不停啦（笑）！」說完她還買了要給兒子的書，跟生活費一起寄給在全新領域打拚的他。

「本來想附上一封信，不過滴到眼淚會濕掉，還是算了。」接著她拿出麥克筆在書的扉頁寫上大大的「加油！」並露出了和兒子神似的微笑。

3 譯註：來自輕小說《說出這邊交給我你們先走以後十年過去成了傳說。》

我的推薦

《商道世傳　金與銀》

（あきない世傳 金と銀 源流篇）

（高田郁／春樹文庫）

當紅的女性歷史小說家系列作品第一號。敘述一名幫傭女子在商業城市大阪學習經商的成長故事。看到聰明、柔美又楚楚動人的女主角開拓人生大道的模樣，讓人忍不住為她加油打氣！相信讀完之後會想要衝去書店買續集。

圖片提供：皇冠文化

《小書痴的下剋上：為了成為圖書管理員不擇手段！第一部：士兵的女兒！》

（香月美夜著，椎名優繪，許金玉譯／皇冠文化）

喜愛閱讀的主角轉生成為異世界的小女孩。沒想到在那個世界竟然沒有書！敘述小女孩為了找到書的奮鬥故事，我推薦可作為輕小說的入門書。

第12集 被「推書擂台」推坑的書

大家知道「推書擂台（Biblio Battle）」[4]嗎？這個活動是由參加者互相介紹書籍，然後請聽完介紹的觀眾投票選出最想讀的書。

前陣子女兒參加了學校的推書擂台，我看她在構思要如何介紹時，忍不住佩服，「哇，最近的學校還會搞這些時髦的東西呀？」不過，現在這類的活動似乎蠻常見的。

某天，有位會跟我交換閱讀心得、算是蠻熟的男性常客來到了書店服務台。

「上星期我參加了推書擂台，覺得對手推薦的書好像很讚，就來買了。」他這麼說。

「我下個月還要參加，下次的主題是『驚悚與懸疑』，您的話會挑哪本呢？」他問。我的推薦是《代償》（代償），理由是我覺得要選一本每個人來讀都會覺得有趣的書！

這本推理小說一打開，就會讓人忍不住一口氣讀完——我說明推薦的重點後，顧客二話不說就買了。

然後，到了當天下午。一名頭髮灰白的五十多歲男子來到櫃台，也是個不時會見到的熟面孔。「我上禮拜參加了推書擂台的活動……」咦？似曾相識？

「對手推薦的書感覺很好看，我就來買了。」這單純是巧合嗎？上午的顧客也是來買對手推薦的書（笑）。然後，這位顧客好像也要繼續參加下個月的競賽。

「我挑了幾本想介紹的書，但就是下不了決定。您會介紹哪本呢？」

呃，上午被問到同一個問題，我是推薦了《代償》啦……（內心的聲音）。但總不能介紹同一本書給對手吧？想了一會兒，我推薦了這位顧客《流言》（噂）。作者荻原浩是得過直木賞的作家，擅長創作溫馨的故事，印象中很少有推理作品，顧客也覺得很新鮮，就決定購買。

話說回來，兩位參賽者竟然都跑來買對方推薦的書，想必一定介紹得很精彩吧？真想看看他們的對戰現場！「您說的那場推書擂台，是什麼時候舉辦？」我不小心認真地問了……

4 Biblio Battle是一種說書比賽，參加者要在五分鐘之內介紹自己讀過的書籍，最後獲得最高票數者為「冠軍書」。這個愛書活動自2007年京都大學開始，以「以人知書，以書知人」作為口號，享受互相交流書籍的過程。

我的推薦

《代償》（代償）

（伊岡瞬／角川文庫）

小學生圭輔在由遠親收養之後，開始與同學年的達也一起生活。度過艱苦的青春期，圭輔成為一名律師，而達也卻成為罪犯來委託辯護。絕對不能在平日晚間開始閱讀，波濤洶湧的劇情發展一定無法按時就寢！

《流言》（噂）

（荻原浩／新潮文庫）

「雨人斬斷了年輕女生的腳踝。」這個都市傳說成真，失去腳踝的少女遺體曝光。故事中隱藏著顛覆世界的詭計，讓人閱讀時屏氣凝神、不敢分心。

書店店員大小事

經常會被問路

第13集

書店也能撫慰失去寵物的傷痛?!

前陣子我兒子撿到一隻狗，是成犬，說得更明確些，還是黃金獵犬。但傷腦筋的是，我們家裡已經有一隻黃金獵犬（順帶一提，家裡的愛犬其實也是撿到的）。黃金獵犬這麼容易走丟嗎？

有一天，一名常客哭喪著臉來到書店的服務台。原來是前天他養的狗狗過世了，才剛辦完喪禮。

「失去寵物之後，心情比想像中來得更低落……」因為這樣，想來找能提振心情的書。

這位顧客的手機裡存了好多愛犬的照片，每次來店裡都會秀給我看，不知道他有多失落。我自己也有寵物，很能夠體會。我心想，這種時候不該勉強他忘記，不如挑本讓他能懷念狗狗的書？於是推薦了他這兩本。

《因為有你》（犬［きみ］がいるから）是譯者村井理子紀錄一家人與愛犬哈利一年生活的隨筆。在失去養了多年的老狗之後，哈利來到家裡，逐漸融入成為一家人，其間伴隨著雙胞胎兒子的成長，加上村井女士自己也患了一場大病，全家人在這一年裡經歷不少波折。

另一本則是《小花的暑假》（はなちゃんの夏休み。），這是以女演員石田百合子家的拉不拉多犬小花的視角所撰寫的日記。書中百合子女士以「老媽子」身分出場。老媽子也太美了……令人難過的是，小花現在已經在天堂了。

雖然只能靠我自行想像，但百合子女士想必是在日後克服了離別的傷心，現在家中又有了小雪這隻黃金獵犬（外加四隻貓咪！＊出版的現在已經增加到六隻了！）一起生活。

失去愛犬之後，飼主會感到悲傷，這表示狗狗受到無比的疼愛，也是很幸福的一件事。何不趁這時候盡情哭、盡情懷念呢？我對常客這麼說。最後他離開時終於破涕而笑。

至於我家兒子撿到的那隻狗，後來找到了新的飼主。萬一找不到接手的飼主怎麼辦！傷腦筋啊！偷偷說，雖然一定會人仰馬翻，但光是想像有兩隻狗狗的生活，還是令我雀躍不已。

我的推薦

《因為有你》（犬［きみ］がいるから）

（村井理子／亞紀書房）

居住在琵琶湖畔的譯者，不是跟帥哥而是帥狗一拉不拉多哈利一起生活的隨筆短篇集。書中也有許多與大型犬生活的甘苦談。

《小花的暑假》（はなちゃんの夏休み。）

（石田百合子／Hobo 日 Books）

這本書是石田百合子的愛犬小花寫給糸井重里家狗狗的暑假書信，從本書裡可以看到熱愛貓狗的石田百合子可愛俏皮的一面

第14集 在書店學會不與他人比較的技巧

坐在書店服務台時，偶爾會接到顧客的投訴。前幾天，有位常客給了我一些建議。對方大概覺得光是抱怨不太好意思，就說我是個好人，然後又說：「每次都在雜誌區的那位！就是又漂亮人又好的那位啊……」

嗯嗯，我是「好人」，而負責雜誌區的M小姐是「又漂亮人又好」嗎？呃……可以不要憑外貌歧視人嗎？讓人莫名心靈受傷耶。

顧客在抒發完意見和頻頻稱讚完M小姐的美貌後就離開了。我輕輕嘆口氣，原本在旁邊找書的女顧客主動對我說「辛苦了」，「千萬別這麼說，顧客花費寶貴的時間給我們意見，非常感謝呢。」對方繼續說道：「剛才那位先生一直拿您和其他店員比較吧？換成是我一定會很難過的，我就是太在乎別人的看法了……」

確實有許多人會因為和他人比較而感到苦惱，會來詢問找尋應對的相關書籍。我心想，一定要推薦《沒事沒事，太認真就輸了！》，還有樹木希林的《樹木希林：一切隨心》。雖然這本書並沒有說明該如何應對，卻有很多非常棒的啟示！

「不生氣，不與他人比較，保持有趣、坦然而活就好。」她這句名言，讓我受到無比激勵。

這位顧客很喜歡，兩本書都買了。她整個人散發出的氣質很討人喜歡，希望藉由這兩本書能讓她更愛自己。

順帶一提，我和M小姐雖然感情很好，但是來跟我抱怨的常客卻猛誇獎M小姐也是事實。於是，在員工休息室我對M小姐說：「真是的！我要來說妳的壞話囉！妳呢，其實是個迷糊蛋，根本就是天兵。今天早上我就看到妳跑到倉庫，然後想不起來自己要幹嘛，對吧！」

好弱的攻擊……，美女加上小迷糊，這根本無敵了吧！可惡！啊啊啊啊～我也想要人家說我是「又漂亮人又好」啊！只不過，前幾天買的美容和瘦身書都還沒打開就是了。

我的推薦

《沒事沒事，太認真就輸了！日本療癒新星聖代貓的 64 個人際困境神救援，用逆轉念擺脫你的每個厭世瞬間》

（Jam 著，林佩芸譯／財經傳訊）

在眾多人際關係指南書之中首屈一指簡明易讀的一冊。全書以貓咪輕鬆角色的四格漫畫搭配短文，閱讀時就像有個直言不諱的友人在提點自己。

《樹木希林：一切隨心》

（樹木希林著，楊明綺譯／商周出版）

從樹木希林女士生前的採訪中收錄令人印象深刻的言談，相信任何人都能在書中找到共鳴，其中滿載了值得一輩子珍藏的智慧金句。

第15集 戴著米老鼠手錶的男人

其實，在先生的調職令下來之後，我離開了之前服務的書店。咦！那接下來不就成了「前書店店員見聞錄」[5]或者是「大餅臉女見聞錄」？！如果有這類疑問的話，告訴各位，別擔心。

我已經受雇於其他家書店，獲得堂堂正正自稱書店店員的權利（大餅臉的稱號當然也持續中）。

那麼，這次就讓我來聊件往事。大約在十五年前，有一次我要去倫敦找朋友，便搭乘高速巴士前往成田機場。在飛機上，隔壁竟然碰巧就坐了搭同一班高速巴士的上班族男子。

我在機場書店買了書，速速衝上飛機，手上的書居然講的是飛機失事的內容（苦笑）。

開始讀之後嚇了一跳，不知不覺間，我整個人沉浸在故事裡，就在眼裡泛著淚水快要讀完時，和鄰座的男子目光交會。「好看嗎？」他問我。「嗯，有興趣的話要不要看看？」對方一口答應。我把書遞給他時，發現男子手上戴著米老鼠手錶。

「你的手錶，好可愛喔。跟《達文西密碼》裡的蘭登教授一樣。」我說出了當年暢銷小說的主角名字，男子說：「我回國之後再去找來讀。」接下來，在一片寂靜的機艙內傳來了斷斷續續吸鼻子的聲音……（笑）。我知道男子正認真讀那本書，也覺得很開心。

我借他的那本書是《神明不擲骰子》（神はサイコロを振らない）。飛機降落後，男子拿著書要還我，「真可惜，還差一點點就看完了。」「不嫌棄的話請收下吧。」我把書送他，兩人道別。

時光匆匆到了現在。幾天前，我在新到任的書店收銀台結帳時，覺得面前這個臉孔好像在哪裡看過，找零錢時看到客人的手上，是那支米老鼠手錶！

比我記憶中稍微胖了點的那名男子，沒注意到我就離開了。我現在工作的書店就在公車總站旁邊，他應該就住在附近吧！

他買的書是《起源》，是《達文西密碼》系列作者的最新作品，讓那段過往的記憶浮現在我的腦海。

5 編註：此為原書名「書店員は見た！」的直譯。

我的推薦

《神明不擲骰子》（神はサイコロを振らない）

（大石英司／中公文庫）

過去消聲匿跡的飛機旅客突然出現了！與原本已不在人世的家人、伴侶終於重逢了，但隨之而來的卻是更加殘酷的命運。雖然是個悲傷的故事，讀完卻有股神清氣爽的感覺。

圖片提供：時報出版

《達文西密碼》

（丹・布朗著，尤傳莉譯／時報出版）

都出版這麼多年了，應該不用特別推薦了吧？全球暢銷書之一，既是充滿刺激懸疑的推理小說，也能當作歷史學習書。還沒讀的人絕不能再錯過！

第16集 瘦身是為了藍色洋裝

在書店附近的服飾店看到一件類似藍染的深色牛仔布休閒洋裝，立刻決定去試穿看看……。該怎麼說呢，在試衣間看著鏡子裡的自己，根本是一身國際比賽用的柔道服裝扮。當深藍色的衣服搭上壯碩的體格時，奇蹟發生了！

我把試衣間的簾子拉開一道小縫，「……很好看耶……」店員說。妳！妳剛才停頓了吧？怎麼看都是柔道服呀！我激動地說著，店員笑到差點癱在地上。

兩人邊笑邊擦眼淚時，隔壁的試衣間門簾拉開，竟然是一位穿著同款洋裝，而且跟我差不多同齡的女士（汗）。

「聽到妳們剛說的話真是回不去了，現在怎麼看都像柔道服……」聽她這麼說，我和店員頻頻向她道歉。最後我並沒有買那件衣服，不過那位女士買了。

「這件衣服我一眼就愛上，我要變瘦之後再穿！」

真的是一件很漂亮的洋裝。

有想穿的衣服，真的能成為瘦身的動機。幾天之後，在書店裡有人叫住我：「啊，妳是上次那位……」原來是試衣間遇到的女士。她覺得該認真瘦身，就來找書了。

「瘦身相關的書好多喔……」

不要緊，我推薦妳！顧客聽完後，對我投以懷疑的目光（笑）。其實前幾天經過試衣間事件後，我也打算減重，於是找了可以參考的書籍。先挑了幾本，再請（熱愛重訓的）先生幫我篩選，標準則是「不勉強自己，能夠長期持續，預期會有一定的成效」。

顧客說，好像已經感覺到有點效果了耶，就毫不猶豫地買了我推薦的書。就跟上次買洋裝一樣，購物時相當乾脆豪爽。

我推薦她的兩本書是《HIIT後燃運動：鍛鍊5分鐘，24小時持續燒脂瘦身不中斷》以及《高效能！瘦肌塑身法：每天10分鐘輕鬆鍛鍊》。

就在前幾天，我又在店裡看到那位顧客，而且她很明顯的變瘦了！

「我第一次認真照著瘦身書上說的做耶~（笑）」看著顧客的笑容，我點頭贊同，但可惜……我的體重一點都沒少呀。

我的推薦

《HIIT 後燃運動：鍛鍊 5 分鐘，24 小時持續燒脂瘦身不中斷》

（門脇妃斗未著，張景威譯／時報出版）

由簡單的動作組合而成，一組才五分鐘！看到作者這麼美的身材，讓讀者也會充滿鬥志！相當神奇的一本書（笑）。

《高效能！瘦肌塑身法：每天 10 分鐘輕鬆鍛鍊》

（戶川愛著，陳燕華譯／台灣角川）

目前我所讀過的所有瘦身書中，最清楚易懂的一本。運用插畫來說明哪個部位該用力，該如何動作，特別推薦給平常不擅長運動的人！

第17集 探病時，送上能振奮人心的書

職場的前輩給了我「新型態店員」這個稱號，根據前輩的說法，我「像是服飾店的店員」，因為動不動就會跟顧客攀談……。

結帳時看到顧客買的書，「這本好像很有意思耶！」

看到顧客拿著兩本文庫正對照著、在猶豫時，「右邊這本我大推！」（↑多管閒事耶）。當然，遇到不想被打擾的人我是不會多嘴的……。

前幾天，我看到一對母女顧客很煩惱的樣子，便主動上前詢問：「請問想找什麼呢？」看起來像是中學生的女兒說：「我們要去探望住院的奶奶，想找本書給她。」探病時買書送給住院的病人，這種情況很常見。

的確，住院時好閒哪。問了一下她們的需求，她們表示奶奶出院後還得靜養一段時間，最好是能在床上輕鬆閱讀的內容。此外，「如果能讓她提振精神，就更好了。」

於是，我介紹了這本《傘壽麻理子》（傘寿まり子）。

主角是已經過了傘壽（八十歲）的麻理子，這位小說作家老奶奶，在先生過世之後，和一起住的家人相處得並不好，故事就從麻理子離家出走開始。一位充滿行動力的主角，相信她的故事能為讀者帶來活力。雖然顧客說家中長輩可能不看漫畫，但我說很多同年紀的長輩都會來買，於是她們一口氣就買了前三集。

另一本也是精選了老奶奶為主角的內容。紅雲町咖啡屋日曆系列的第一集，《秋雨搖曳》（萩を揺らす雨 紅雲町珈琲屋こよみ）。這套連作短篇集的內容講的是經營銷售咖啡豆和日式餐具店家的草婆婆，一一解開在小鎮上出現的謎團。

因為生病的奶奶喜歡咖啡，所以母女倆也買了這本，「趕快帶去給奶奶。」一說完她們就離開了。

我心想，不知道奶奶會不會喜歡……。大約兩星期之後，母女倆和出院的奶奶三人一起來到書店。

「在醫院裡都不能喝咖啡，一出院就想喝好喝的咖啡！」老奶奶說。買了我之前介紹的作品續集之後，奶奶笑著說：「我現在精神好得很！差不多可以離家出走啦！」

她喜歡我推薦的書，真是太好了！讓我鬆了一口氣。今天也繼續主動找顧客攀談，「這本書，很好看喔！」

我的推薦

《傘壽麻理子》(傘寿まり子)

(小澤雪／講談社)

主角竟然是 80 歲的老奶奶！除了寫實描述高齡者面臨的問題，也能從朝氣十足的主角身上獲得力量。即使到了 80 歲，也能談戀愛、工作，更能追夢！這樣的主角充滿魅力。

《秋雨搖曳》

(萩を揺らす雨 紅雲町珈琲屋こよみ)

(吉永南央／文春文庫)

人與人之間的關係並不是那麼簡單哪……本書中的故事會讓人有這種感覺，但草婆婆對待身邊的人和藹親切，閱讀起來非常愉快。此外，草婆婆做的料理也是本書的一大亮點。

第18集 留學的兒子與煩惱的母親

前幾天來到書店的媽媽友，她兒子比我兒子大一歲，過去無論是商量育兒問題或是接收孩子的二手衣物，都得到她很大的幫助。後來隨著孩子長大，我們見面的機會也少了，這次在書店是睽違四年的重逢。

一聊起來才知道，他兒子決定到國外唸大學，現在正認真準備中。喔喔喔……我家兒子還在鬧混的時候，人家已經出人頭地啦。

她說除了要忙工作、家務，現在還加上兒子出國前的準備，她整個人累癱了，所以想讀本書，讓自己放鬆一下，於是我推薦她《神清氣爽走在月之沙漠》（月の砂漠をさばさばと）。

這部作品是描述九歲女孩與作家母親兩人生活的連作短篇小說。對主角紗希來說或許是平淡無奇的日常生活，但對想像力豐富的女兒來說，她的世界可是充滿了奇幻。

我心想，或許在忙碌的生活中可以抽空讀個短篇，也能讓她回想起兒子的小時候而感到溫暖吧！於是就推薦給她。

她當下就決定要買，但把書拿在手上時還露出一臉為難，「這孩子雖然長大了，有些地方卻還跟小孩子一樣，真擔心他能不能在國外好好一個人生活呀。」

咦？那麼能幹穩重的兒子耶？一問之下才知道，聽說他現在還留著小時候玩的小熊布偶，而且堅持要帶去大學宿舍（笑）。

太可愛了吧！我在心裡吶喊。但其實我家兒子也一樣，從嬰兒時期就很愛不釋手的獨角獸玩偶（本來好像是藍色，現在已經有點髒了），到現在還要抱著一起睡覺，我也很擔心兒子的未來。

而讓我鼓起勇氣的就是這本《讓人深愛不已的玩偶》（愛されすぎたぬいぐるみたち），這本書裡有許多玩偶的照片，以及收錄與這些玩偶相關的小故事。

玩偶全都破破爛爛的，看看封面上的小熊，雖然有點髒還有很多地方的毛都掉光了，卻露出一臉得意神氣的表情。

「我家兒子也是，我猜他要是離家也一定會帶著他的獨角獸。每次我要洗，他還會生氣，只能趁他出門時偷偷洗。」聽我這麼說，她突然愣住，「抱歉呀，原來跟你家比起來，我兒子的事根本只是小兒科（笑）」。

我的推薦

《神清氣爽走在月之沙漠》

（月の砂漠をさばさばと）

（北村薰著，大成由子繪／新潮文庫）

描述母女兩人生活的小故事，共有十二篇。每一篇故事都充滿溫馨、幸福。由大成由子操刀的插畫更是畫龍點睛！

《讓人深愛不已的玩偶》

（愛されすぎたぬいぐるみたち）

（Mark Nixon 著，金井真弓譯／ Oakla 出版）

這是一本搭配著許多小故事的玩偶攝影集，裡頭有受到卯足全力之愛所對待的玩偶（玩得破破爛爛！）。這本書當作讀物或是攝影集都很棒，一舉兩得。說不定，讀者家裡也有這樣的玩偶？

第19集 男孩、恐怖小說與我

有一天，有個顧客帶著小孩來書店。他買了主角的臉是屁股的當紅童書[6]，還有兩本史蒂芬・金的長篇小說。我問了那位爸爸：「需要包書衣嗎？」[7]沒想到……

「要包書衣嗎？」爸爸竟然低頭問兒子！

咦？這是兒子要看的嗎？看到我嚇了一跳，男孩對我說：「我雖然個子小，但已經小學五年級了。」至於童書，好像是他弟弟要看的。不是啊不是啊，小學五年級讀這些書也太厲害吧！話說回來，我也覺得他差不多小學五年級呀！看著一臉佩服的我，男孩的爸爸露出有些得意的表情。

「他很喜歡看書，現在愈來愈常挑給大人讀的書。」爸爸說明。咦咦咦咦！太優秀啦！不過，這本書講的是被可怕小丑追逐的故事吧？讀了不會害怕嗎？

面對我的疑問，男孩很冷靜回應。

「也是有些類似青少年小說的地方啦，並不光是恐怖的故事。」——這就是書店店員（就快要四十歲）被十一歲男孩發現是個笨蛋的瞬間。

我在飽受震撼中對他說：「下次你有什麼好推薦的，可以告訴阿姨嗎？」男孩回答：「好的。我也想讀一些日本的恐怖小說，也請介紹給我。」說完他們就離開了。

大約過了兩星期後的週末，男孩來到店裡。

「因為我們約好了要互相推薦書，所以……」。好有禮貌！

我告訴他，自己幾乎沒接觸外國的恐怖小說，連史蒂芬・金這種超級知名作家也只看過幾本，他推薦我一定要讀讀《燃燒的凝視》（後來我買來看了，真的很精彩！）。

我則介紹他日本的恐怖小說。《喪眼人偶》是曾經改編為電影的《邪臨》的系列作品第二部。不需要特別依照順序閱讀也能享受其中，而且第二部的懸疑感更強烈，加上十分易讀，我強力推薦。

另一本《不可以》雖然不是恐怖小說，故事中卻瀰漫著詭異的氣息，是由讀者來解謎的挑戰型推理小說。喜歡閱讀時一邊思考一邊細細品味的人，一定會愛上。

結帳完之後，我對著說「下次再來」的男孩表示，「這兩本書你讀了之後，搞不好就不敢一個人上廁所唷！」男孩愣了一下回了句：「我不怕。」

我滿心期待著，改天他會再來跟我分享讀後感。

6　譯註：《屁屁偵探》。

7　編註：在日本書店購書後，店員會詢問是否需要包書衣（bookcover），除了保護書本外，也保護讀者的隱私。

我的推薦

圖片提供：台灣角川

《喪眼人偶》

（澤村伊智著，劉愛夌譯／台灣角川）

讀了「喪眼人偶」這本受到詛咒小說的人陸續死亡。雖然是恐怖小說，但內容有各種巧妙的安排，也是一本很精彩的推理小說。讀完書中出現的受詛咒小說之後，彷彿自己也會因此而受到詛咒一樣，毛骨悚然，真的很恐怖。

《不可以》

（道尾秀介著，高詹燦譯／皇冠文化）

這是由讀者來推理的挑戰型推理作品。最後一頁出現的照片，會顛覆整個世界，這巧妙的設計會讓人想要馬上再翻回第一頁重新讀一遍！

第20集 聖誕老人的真實身分

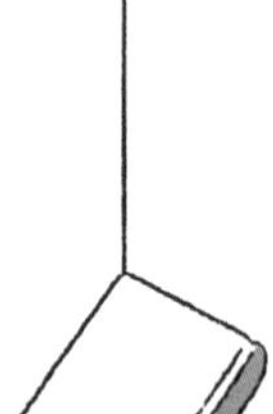

雖然有《聖誕老人真的存在嗎？》（經典名作！）的知名繪本，不過，究竟是不是真的有聖誕老人呢？我家兒子直到很大了，都還堅信聖誕老人是真有其人。

兒子唸小學六年級的時候，在聖誕節的隔天和朋友有這樣的對話——

「明年想要什麼呢？」

「感覺好像沒什麼特別想要的東西耶。」不是昨天才剛跟我要禮物嗎！

「還是要支智慧型手機呢？」

「智慧型手機啊……聖誕老人會不會挑電信商呢？」

「這樣能不能辨家庭優惠方案啊？」
明明是連這麼多細節都懂得的年紀，怎麼就沒發現聖誕老人的真面目呢？讓我相當錯愕（各位，請放心。現年已經十七歲的兒子終於知道家中聖誕老人的真面目）。
回到正題。一到十二月，書店就會瀰漫著濃濃的聖誕氣氛，每天都有挑選禮物的顧客上門，相當熱鬧。有一天，在繪本區有個小女孩叫住我。
「請問一下，聖誕老人會來這間書店買東西嗎？」
「我沒遇到聖誕老人耶。」我答道。小女孩接著又說：「我去年收到的聖誕禮物，跟這間店用了同樣的包裝紙。」
這段時期，我們書店都會用聖誕節圖案的包裝紙來包禮物，看到店裡好幾個手上拿著同款包裝紙禮物的顧客……小女孩以為聖誕老人也是到書店來採購，才這樣問我（笑）。
「雖然我沒遇到他，但下次我幫你問問書店的主管，看聖誕老人去年有沒有來買東西！」小女孩聽了之後笑著對我說：「聖誕老人都會買很多，要是他下次來，記得算他便宜一點喔～」

聽完這個溫馨的聖誕小故事後，我就來推薦適合當聖誕禮物的書吧！《聖誕老人的小幫手》（サンタクロースの おてつだい），整本書裡收錄了好多漂亮的照片；書中的小女孩跟動物都很可愛，讀起來的感覺就好像在看電影。

至於如果要挑繪本送給大人，《銀河鐵道之夜》如何？這本宮澤賢治的名著不用多說，想必大家都知道，搭配清川厤美的插畫，充滿奇幻的故事最適合當作禮物。

好啦，成功抓包聖誕老人採購地點的小女孩，預計今年也會收到同款包裝紙包裝的《聖誕老人的小幫手》一書。

聖誕老公公，真的是在這間書店採購唷！

我的推薦

《聖誕老人的小幫手》

（サンタクロースの おてつだい）

（羅莉 · 艾伯特著，佩爾 · 布萊哈根攝影／ Popula 社）

為了要當聖誕老人的小幫手，小女孩外出尋找聖誕老人。在一片雪白中身穿紅衣服的小女孩，照片鮮豔亮麗，令人感到溫馨的故事情節也很美好！

《銀河鐵道之夜》

（宮澤賢治著，清川麻美繪
／ Little more）

這裡推薦的日文版是由藝術創作家清川麻美以布料、彩珠呈現出「銀河鐵道之夜」。令人大受震撼！就算之前讀過，也一定不能錯過這個版本。

第21集

一次買兩本相同的少女漫畫雜誌？謎底解開！

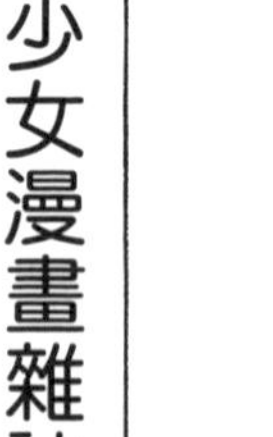

有一位老奶奶，不時會來買兩本少女漫畫雜誌，而且還是同一本、同一期的雜誌，一次買兩本。我看了幾次之後，主動詢問：「如果每一期都會買的話，要不要考慮訂購呢？」奶奶則說：「不好意思，我不是每一期都會買耶。」

嗯？不是每一期都買，但買的時候一次兩本，為什麼呢？真是匪夷所思。幾個月之後，老奶奶又來了。

只見她的手上照例拿了兩本同樣的少女漫畫雜誌。「之前看到您都會一次買兩本，是幫其他家人買的嗎？」一陣閒聊之後我問她。她笑著回答：「其實我孫子是剛出道的漫畫家啦，只要有他的單篇作品刊登時我就會買。」

「請告訴我您孫子的筆名！我也想看看！」看我一副激動的樣子，老奶奶有些難為情的翻到有她孫子漫畫作品的頁面。

「畫得好精緻！好棒唷！您說他才剛出道，但看起來不像新人耶！」我脫口說出感想，老奶奶露出十分開心的表情。我下班時也順便買了那本雜誌回家看，故事也很有趣唷。

又過了幾個星期，那位顧客再次來到書店。

「其實在我孫子的作品被刊登之前，我幾乎不看漫畫，但現在開始也想看看其他漫畫了。」老奶奶告訴我。「只不過，看到年輕情侶接吻的畫面會覺得很害羞。」因為這樣（笑），我推薦給老奶奶的是和她孫子一樣、描述年輕人追逐夢想的作品。

《藍色時期》描繪的是想要進入美術大學就讀的高中生矢口八虎的故

事。原本沒有夢想，活得渾渾噩噩的少年，偶然接觸到繪畫後深深地為之著迷，開始勇敢朝著夢想邁進的模樣，令人動容。此外，看到在追夢的八虎並靜靜守護的父母及老師，也很有共鳴，讓人熱血沸騰。

這是一個以夢想和才華為主題的故事，讀了之後讓人不禁深思，能夠擁有夢想，不顧一切往前衝，是多麼辛苦卻又何等幸福的一件事。

「真期待，想趕快回去看看！」老奶奶高興地離開。真期待看到她下次再抱著兩本漫畫雜誌來結帳的模樣。

我的推薦

《藍色時期》

（山口飛翔著，Niva 譯／東立）

「覺得自己這輩子從來沒有真正地好好活著。」這樣的主角在接觸到繪畫後，開始發生轉變。無論多麼艱辛，能夠專注在熱愛的事物上，人生都會是美好的！

書店店員大小事

在書店工作的首要任務就是學會包書衣

①
將書背對準書衣的中間。
②
小心地將書衣的一側折過來蓋在封底上，注意不要歪斜。
③
把多出的部分往內折，封面那側也一樣。
④
最後再套上橡皮筋後就完成了。
好的！
總之，要先學會這個。

第22集

一本好書，拯救了受傷心靈

有一對看來像是感情很好的母女顧客，不時會來到店裡，女兒大概是中學生或高中生的年紀。她們總是悠閒地購物，然後到書店附設的咖啡館買杯咖啡外帶，至於來書店的時間都是平日的中午左右。或許，女兒是因為某些狀況而沒有去上學吧？

有一天，難得只看到媽媽來到書店，我問她，「今天您一個人來啊？」她說：「我女兒身體不舒服所以待在家裡。今天想來找本書，讓她躺在床上也能讀。」

換成平常，我一定會問很多問題，但今天覺得不能多嘴，於是稍微謹慎一些，先問了她女兒喜歡哪一類的書。

「她以前也常看那些高中生會喜歡的書，不過最近似乎心情不太好……連收集的漫畫都丟了。」

她告訴我，女兒因為在社群網路上跟朋友起了爭執，現在很少去學校了；至於起因，好像是雞毛蒜皮之類的小事。我自己也有使用社群網站，覺得這是一個很棒的工具，但同時也發現到，只要一有哪裡出錯、就容易引來麻煩，其實不容易拿捏。連我這種大人都覺得困難了，何況對中學生和高中生來說一定更不好掌握。

「真辛苦。我也有個念高中的兒子，經常聽到這類的紛爭。希望之後能好好解決，圓滿落幕。」說完之後，我心想，如果讀小說、漫畫會讓她心情不平靜的話，不如推薦她讀點短篇散文？

《永遠的伸展台，直到人生終點》（ウチら棺桶まで永遠のランウェイ）是百萬 YouTuber——kemio 的著作，是節奏明快的散文集。

本書的用詞獨特，我剛開始讀的時候還一臉茫然想說「現在年輕人都是這樣說話的嗎？」，但繼續讀下去會發現處處有佳句，令人耳目一新！

另一本則是《我的人生平淡無奇》（僕の人生には事件が起きない）。這是搞笑組合 Haraichi 的岩井勇氣的第一本著作。

書中描述的都是像組裝櫃子、收拾紙箱之類日常微不足道的瑣事，卻有趣得不得了。讀了之後令人深陷其中，忘卻其他傷心的事。

過了一陣子之後，我再遇到這對母女時，女兒好像轉學了。

「接下來可以交很多朋友了！」我這麼對她說，而她笑著回答：「就算只交到一兩個朋友也無所謂，但還是謝謝您。」

我的推薦

《永遠的伸展台，直到人生終點》

（ウチら棺桶まで永遠のランウェイ）

（kemio ／ KADOKAWA）

Kemio 可不是普通的年輕人唷！這本堪稱新生代的生活參考書，希望父母世代也一起來讀，有煩惱的人千萬不能錯過。

《我的人生平淡無奇》

（僕の人生には事件が起きない）

（岩井勇氣／新潮社）

竟然有人可以把稀鬆平常的瑣事寫得這麼有趣，令人拍案叫絕。饒富趣味，閱讀時不禁莞爾，同時又敬佩作者的表達能力。岩井先生，真是我個人心目中的偶像。

第23集

其實我超愛居家布置

前陣子有個唸書時期的朋友來找我商量，「趁著獨生子搬進高中宿舍，我想把家裡斷捨離一番，布置成喜歡的樣子！」實不相瞞，我的興趣第一是閱讀，第二就是居家布置。因為熱愛閱讀，所以在室內度過的時間比一般人多一倍的我，一直以來都在追求居家的舒適感。

於是，我隨即拜訪朋友家，一開始收拾就不停地翻出東西來……一眨眼的工夫，可以斷捨離的物品在房間裡堆出一座山！明明仍是微涼的季節，兩個人整理垃圾弄得滿身大汗，這時聽到「叮咚」的門鈴聲。

來訪的是住在朋友家附近、平日常往來的媽媽友。對方看到垃圾山之後，「我也想請妳幫忙！下次可以來我家嗎？」才剛認識，只知道對方是個喜愛居家布置的大餅臉女，就敢直接邀人家到家裡，實在太強了（笑）。這番膽識雖令我佩服，但正因為面對的是多年的老友，在整理時我才敢暢所欲言（像是說出「欸，妳幹嘛買這種花色莫名其妙的窗簾啊？」之類的話），要我到只有一面之緣的人家中幫忙整理，壓力實在太大啦！看到我不知所措的模樣，老友說了：「別看她這樣，可是個書店店員唷！不如請她推薦妳講整理跟布置的書吧？如果看了書之後還是搞不定，我們倆再一起去幫妳看看。」

隔天，她來到書店。我推薦給她的都是網紅的居家整理指南。第一本是《不擅整理也能打造時尚居家！》（片付け下手でも おしゃれな部屋って言われたい！）。這是當紅親子部落客 Ogyako 在好友居家布置部落客 yuki 的指導下打造時尚居家的內容。書中有許多漫畫插頁，輕鬆易懂。第二本則是《28字整理術——讀完就能捨。心靈也清爽》（28文字の片づけ─ 読むだけで捨てられる。いつの間にか心までスッキリ。）這本書該說是整理術名言集嗎？總之，翻閱時不斷會出現讓人想要立刻收拾整理的名言。而書腰上的文案，竟然是「你敢穿著今天的內衣搭上救護車嗎？」

「我就讀這兩本書來試試看！」後來，到她家中拜訪的好友說：「至少看起來，玄關已經整理得很乾淨了！」能夠活用書中所學，真是令人太欣慰了！

我的推薦

《不擅整理也能打造時尚居家！》

（片付け下手でも おしゃれな部屋って言われたい！）

（Ogyako，yuki 著／ KADOKAWA）

不擅長整理的 Ogyako，在居家布置部落客 yuki 的指導下，讓自己的家變得好時尚！書中豐富的資訊量，是市面上其他整理術書籍無可比擬，很有一讀的價值。

《28 字整理術——讀完就能捨。心靈也清爽》（28 文字の片づけ 一 読むだけで捨てられる。いつの間にか心までスッキリ。）

（yur.3 ／主婦之友社）

這一本則是風格迥異，雖然文字量少得簡單（竟然只有 28 個字！）卻能直擊內心。讀完之後，相信你一定會與之前捨不得丟棄的物品瀟灑地說再見！

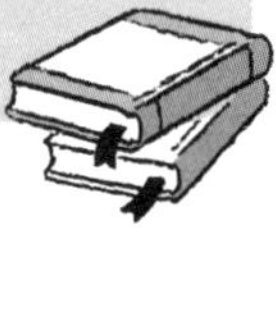

第24集 家有青少年的煩惱

書店店員就是很容易讓人打開話匣子。前幾天，在按摩沙龍裡，幫我按摩的師傅抱怨著男友出軌，說著說著還哭了。事實上，這種「不熟的人突然在我面前哭出來」的模式，在我人生中算是定期出現的狀況。

還有一次，我在附近的咖啡廳讀書，店裡人很多，我窩在吧台位看書，正當我打算再點一杯咖啡站起身時，不小心碰到鄰座顧客的包包……。

「不好意思！」我趕緊道歉，卻發現對方的雙眼含著眼淚！我心想，可能是被包包撞到太痛了，於是問她：「對不起啊！妳還好嗎？」沒想到女子隨即落下大顆大顆的眼淚。她看起來比我年紀大一點，似乎是在回娘家期間想一個人獨處而來到咖啡館。我順勢就聽她說起來，原來她正為唸小學的兒子煩惱，因為懷疑兒子是LGBT[8]。

我也有朋友是同志，而且是從唸書時就認識了。在那個時代，雖然不像現在對於性別多元有普遍理解，但我覺得周遭的人都當作那是他個性的一部分。

沒想到，前陣子和那位朋友碰面、酒過三巡後深聊之下，他才說出「青春期的時候好難受，甚至想過一死了之」。原來當年的他這麼苦惱，我完全無法想像。

在咖啡廳裡偶遇的陌生人煩惱，我能做的只有傾聽。後來，我拿出電子書裡的一套漫畫給她看，心想或許能幫上忙。

《我家的兒子可能喜歡男生》講的是一名母親觀察（可能是）同志兒子的故事。母親的視角相當平和且溫柔，讀完之後，讓人忍不住也想成為這樣的媽媽。

我表明自己是書店店員的身分後，她微笑說道：「我回去之後會到書店去找找。」

無論她的孩子是否為性少數族群，都希望他有個光明燦爛的未來。

8 編註：LGBT是取自Lesbian（女同性戀者）、Gay（男同性戀者）、Bisexual（雙性戀者）、Transgender（跨性別者）的字首所組成的合稱。近期更完整的合稱為「LGBTQIA」，加入了Question / Queer（雙性人對其性別認同感到困惑者或拒絕接受傳統性別二分法）、Intersex（雙性人）與Asexual／Ally（無性戀者或同盟者）。

我的推薦

《我家的兒子可能喜歡男生》

（Okura 著，李殷廷譯／青文）

書中主角的家人與同學都很善良，是相當溫馨的故事，尤其主角的媽媽更是棒！超級推薦給家有青春期孩子的母親。

第25集 包含在便當裡的溫柔心意

我呢，竟然成功減重了！之前扣子差點爆開的制服背心，現在變得寬鬆啦！

連書店的顧客也主動對我說：「妳變瘦了耶！」

同時，也有一位顧客變得比我還瘦。原先以為她大概也在減重，可是，看她一直瘦下去讓我有點擔心。

某天休息時間，我在便利商店結帳時，排在我後面的剛好是那位顧客。我們倆眼神對到後，彼此點點頭，她問我：「午休時間嗎？」

「對呀～買了一大堆（笑）。」我答道，低頭看看她手上只拿了一杯果凍。或許感受到我疑惑的視線，「我最近離婚了，心力交瘁沒什麼胃口。」她露出苦笑，「在公司可以分散注意力，反而還吃得下便當，但今天剛好不用幫小孩做便當，我就偷懶隨便吃了。」

沒有胃口卻還要每天做便當，也太辛苦了吧……。

不過，如果只有便當能支持著她此刻的飲食生活，那我希望她能盡量每天做便當吃。

「不嫌棄的話，容我推薦您做便當的書好嗎？」我沒多想就直接脫口而出。

《藤井便當》（藤井弁当）是料理研究家藤井惠推出的食譜，裡頭有許多作者持續製作便當超過十五年的智慧結晶，讓讀者覺得每天做便當一點不需要勉強。

另一本書則是《461個便當是父親與兒子間男子漢的約定》（461個の弁当は、親父と息子の男の約束。）。作者渡邊俊美與念高中的兒

子一起生活，打從兒子說「爸爸的便當好棒」，就開始為兒子做便當。無論因為工作得一大早出門，或是宿醉的早晨，這個爸爸每天一定會在廚房做便當。一開始看起來並不起眼的便當，隨著時間過去變得愈來愈美味，蘊藏在其中的父愛比任何言語更有力。

最近，我看到那位顧客稍微圓潤了一點。看來除了便當之外，三餐也恢復正常了。

無論遭遇多艱難的狀況，只要吃到美食應該就能稍微提振精神吧！

我的推薦

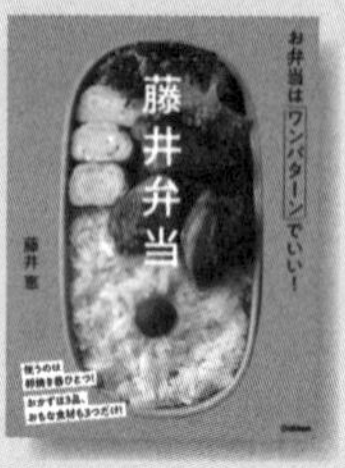

《藤井便當 便當單一形式就好！》

（藤井弁当 お弁当はワンパターンでいい！）

（藤井惠／ Gakken）

每天做便當的各位，辛苦了。這裡有最強的便當聖經！只要一口爐子跟玉子燒煎鍋，就能包辦所有便當菜。看封面就知道，雖然很簡單卻感覺超好吃。

《461 個便當是父親與兒子間男子漢的約定》（461 個の弁当は、親父と息子の男の約束。）

（渡邊俊美／ Magazine House 文庫）

2014 年出版，還有改編成電影的知名作品，從來沒看過這麼催淚的便當書。還沒讀過的人，趁著這個機會一定要找來看看！

第26集 無論到了幾歲，都會有親子問題

這一陣子書店真的是忙翻，很多顧客來買在家閱讀的書，以及孩子要用的學習評量。

有一天，一名不到四十歲的女性叫住我。

「請問，講親子關係的書是在哪一區？」女子似乎苦惱於自己與母親的關係。「本來感情不是很好的媽媽，現在得去照顧她了……」

現在市面上有很多討論親子關係的書，介紹了好幾本，看著顧客卻沒什麼興趣的樣子，我突然冒出個想法。我這名顧客想找的或許不是改善或解決親子關係的辦法，而是希望當下的自己能有個寄託。

其實，我自己年輕時跟媽媽處得也不算太融洽……。希望我找個鐵飯碗的媽媽和想活得自由自在的我，經常為了前途而起爭執。有一天，我試著不再聽媽媽的話，跟她保持距離，雖然覺得有點不捨，心情卻輕鬆不少。我稍微聊了一下自己的經驗後，告訴對方，「其實所有父母跟孩子，一定都多少有些愛恨糾結啦。」顧客則露出微笑：「是嗎……或許是吧。」

最後，顧客買了雖然內容辛辣卻以明快節奏討論親子關係的書，我也對這兩本書中的內容很有共鳴。

《差點離婚的我仍維持婚姻的29個理由》（離婚しそうな私が結婚を続けている29の理由）這本散文集，記述了作者在遇到人生伴侶後一波三折的人生，與父母的糾結、父母過世以及子宮摘除手術……每天都有層出不窮的風波。明明都是讓人覺得不該笑的沉重主題，讀著讀著卻忍不住莞爾。另一本則是《如果能夠把「謝謝」說出口》，作者回想著母女的感情並不睦，但接到母親來日無多的消息……，這是一本描述面對「母親之死」

的圖文短篇集。

「您和令堂現在的關係如何？」結帳時顧客問我。現在我們的關係很不錯，經常會到彼此的家裡玩。上次媽媽還笑著說：「說來說去，其實我也早就知道妳這孩子這麼固執，只會做自己喜歡的事啦！」

我的推薦

《差點離婚的我仍維持婚姻的 29 個理由》

（離婚しそうな私が結婚を続けている 29 の理由）

（Arteisia ／幻冬舍文庫）

雖然與善良體貼的先生結婚，卻陸續經歷了母親離奇死亡、父親自殺、弟弟失蹤、自己還要進行摘除子宮手術等等波折。面對接二連三的困境，作者卻充滿力量地迎戰，讓人深受震撼！沉重的內容卻在閱讀時忍不住莞爾，在公共場所或是搭乘公眾運輸閱讀時要格外留意。

《如果能夠把「謝謝」說出口》

（瀧波由佳利著，王蘊潔譯／春天）

正因為是自己的親生母親，有時候會讓人有更複雜難解的情緒。作者坦率描述這一點，在風趣詼諧的風格中卻又真實到讓人流淚。面對這位讓人無法狠下心討厭的母親，本書紀錄了照顧母親走完人生最後一程的故事。

書店店員大小事
每天要走個不停

*有時候到了傍晚一看計步器，竟然走了2萬步!

第21集

與疫情奮鬥的日子

享受著夏日陽光的各位，最近都還好嗎？其實，我在寫這份稿子的時候，正值二〇二〇年發布「緊急事態宣言」之際。至於我工作的書店，雖然不至於停業，但每天的營業時間大幅縮短，工作人員得戴上口罩和拋棄式手套，收銀台上也設置了塑膠擋板。不僅如此，試閱的漫畫等書籍從架上消失，店員也要盡量避免與顧客交談。

就連我這種愛講話的書店店員也得拉起嘴上的拉鍊……！我竟然完全變身成沉默寡言的書店店員了……。因為這個緣故，這次跟顧客互動的小故事就休息一回，寡言書店店員要介紹最近打從心底想推薦給大家的書。

第一本是《向影神祈禱》（キネマの神様）。COVID-19病毒帶走了諧星界之寶，志村健。對於看《志村大爆笑》長大的我來說，感受到的震撼就像是自己的叔叔過世。這本書原本決定改編電影並由志村健主演，最後沒能看到志村健詮釋的主角——糟老頭阿鄉，真的很遺憾，但並無損原著描寫電影的美好，以及家人之間的情感。

另一本是《火定》（火定），這本歷史長篇的背景是奈良時代，講述在天花肆虐之際，努力拯救患者的一群醫師，以及在混亂都城中的人們。無論科學如何進步，人類的本質或許與千百年之前並無兩樣。看著疫情爆發的景象聯想到現代，讓人好揪心。可能有人一聽到時代小說就望而卻步，但把它想成是以奈良時代為舞台的醫療連續劇，是不是就比較容易閱讀了呢？

今天有位常客來到書店，看到我戴著藍色的橡膠手套就說：「哇！這麼久沒來，一看發現妳的手變得好藍唷！」

我則回答：「我也好想趕快變回人類喔……」對方笑道：「不要緊啦，只要窩在家裡讀書，就覺得時間過得很快。大家都保持健康，下次見囉！」

給身在幾個月後的世界、正在讀著這一頁的你。希望你所在的夏日和以往一樣炙熱耀眼；希望大家迎接的是那個想讓人前往戶外啤酒餐廳，暢快的夏天！

我的推薦

《向影神祈禱》（キネマの神様）

（原田舞葉／文春文庫）

39 歲辭去工作的步，在同一時期面臨喜愛電影與賭博的父親病倒，還發現父親有一大筆債務！雖然是眼看要分崩離析的一家人，卻從一件小事讓父親開始寫電影部落格，從此故事有了大轉變……。是熱愛電影的一家人重生的故事。

《火定》（火定）

（澤田瞳子／ PHP 文藝文庫）

無論在哪個時代，面對未知的病毒人都顯得無力且愚蠢。然而，仍舊有一群人奮不顧身、努力為眾人奮鬥。這本優秀的作品會讓人覺得「沒讀過就太可惜了！」

第28集 是為了誰而朗讀呢？

這一陣子，某部少年漫畫（就是少年主角為了拯救變成鬼的妹妹與鬼對戰的那部）[9]只要一進貨就馬上售完，再補貨也是一眨眼就銷售一空，每天都是這個狀況。

前幾天也看到有個男孩（目測大概十歲）站在堆積如小山的那疊漫畫前，因為想買而跟媽媽起了爭執……。

「可是其他人都在看啊！」「不行啦！」「為什麼？」「感覺很恐怖……」

每個人對作品的看法各有不同，至於什麼是好，什麼不適合，就交給每個家庭的家長來判斷。至於我呢，只要孩子能理解「是為什麼而戰」就OK了（我家裡也有那部作品整套的漫畫）。

母子吵架的聲音傳遍整間店，其他結帳的顧客也忍不住張望。該怎麼辦才好……正當煩惱時，爸爸出現了。

喔喔喔！救世主！才剛要放心，就在下一瞬間聽到，「媽媽這樣不行啦，每次都沒搞清楚就亂罵人！」

爸爸！這樣說話不對吧——！果然不出所料，這下子媽媽更生氣了，一家人什麼也沒買就氣呼呼地走出書店。我茫然地目送宛如暴風一般的家人離開。

幾天後，那位媽媽獨自來到店裡，好像是要找新的繪本唸給孩子聽。「最近家裡比較大的孩子還說『好無聊』，根本不想聽我讀了。」

媽媽似乎喜愛有教育意義的繪本，經常讀給孩子聽，但很可惜，已經唸小學四年級的老大不太捧場。前幾天漫畫那件事也讓媽媽有些感觸，看來她會仔細思考究竟該給孩子什麼比較好。

「今天我想來買些讓孩子會覺得有趣的書，不然老是看他們擺出無聊的表情，我太傷心了。」

我懂！就是希望孩子能享受閱讀之樂，才會讀給他們聽的吧！

後來這位媽媽買了兩本書，《一直想嘗試看看》（いっぺんやってみたかってん）以及《都是我的寶物！》，這兩本繪本都饒富幽默感，不僅小朋友喜歡，大人也能一同樂在其中。看著那位母親在試閱時發笑的樣子，讓我印象深刻。

幾天後，那位媽媽又來到書店，這次手上拿的是之前那部少年漫畫。

「先買個一本來看看好了。」她露出帶點難為情的靦腆笑容。

9 譯註：《鬼滅之刃》。

我的推薦

《一直想嘗試看看》

（いっぺん やってみたかってん）

（服部浩樹／講談社）

「今天下雨了。所以沒～有半個人在公園裡。」光是開頭的這句話，就已經讓人有種充滿趣味的預感！在空無一人的公園裡，究竟是誰說想要玩盪鞦韆呢？接下來，意想不到的發展教人大吃驚（笑），朗讀的時候記得要模仿關西人的腔調唷。

《都是我的寶物！》

（明琪 minchi 著，黃惠綺譯／小熊出版）

「看起來像垃圾，其實不是唷！是我的寶物大競賽！」這句話讓人恍然大悟。孩子的寶物真的是這樣、讓人摸不著頭緒。讀到這讓人不禁會心一笑，每個家庭都會遇到同樣的狀況吧。朗讀給孩子聽時，小心別笑得上氣不接下氣！

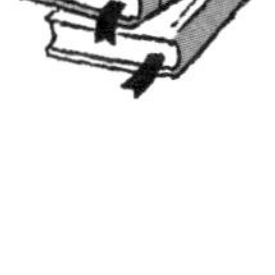

第29集

結婚五十週年的朗讀

大家知道「訂閱制」嗎？

在書店登記訂閱制的話，就會幫顧客保留每一期的刊物。由於書刊不會放到架上，所以在交付給顧客時會是最新、最完整的狀態，很推薦給常不小心忘了購買的顧客。

前幾天，有位顧客跑來說：「從這一期開始要取消訂閱了。」顧客是一對很親切的老夫婦，每次碰面時都會聊聊他們養的貓，以及最近發現的好書，每個月都很期待見到他們。

「好的。不過就算取消訂閱，也請常繼續光臨書店唷！」聽我這麼說，對方低聲回道：「其實啊，我家老伴因為失智的關係，現在很難每個月固定來書店了。」

聽說老太太因為失智愈來愈嚴重，現在很多時候連先生都不認得。過去喜歡的閱讀嗜好無法繼續，於是怕她感到無聊的先生就朗讀給她聽，也成了每天的例行公事。

「現在出門一趟不太容易，今天就買本適合朗讀給老伴聽的書吧。有沒有什麼好推薦的呢？」老先生的這個請求，讓我陷入思考……

過去老太太常買的是小說、詩集，現在他似乎都是朗讀太太書櫃裡的藏書。我心想，詩的話應該比較容易讀吧？於是先帶他走到詩集區，從裡頭介紹谷川俊太郎的選詩集《祝婚歌》（祝婚歌）給即將迎來金婚的這對老夫妻。

這本書集結了來自日本國內外與結婚相關的詩歌作品。谷川大師序詩中「你在我身邊」的內容，讓我聯想到這對老夫婦，加上聽說老太太很喜歡本書的同名作品——吉野弘的「祝婚歌」，因此我強力推薦這本書。

另一本則是很適合這對愛貓夫婦的短歌集，《有貓的日子，才叫生活》。這本書收錄溫暖優美的短歌，家裡有養貓的人保證會有共鳴。

「太太啊，連我都要忘了，但倒是都還記得貓咪呢！」面對露出苦笑的老先生，我忍不住眼中泛淚，老先生溫柔笑著對我說：「不要緊的，之後我還會偶爾來找書的唷。」

我的推薦

《祝婚歌》（祝婚歌）

（谷川俊太郎編／書肆山田）

對於無論是接下來要共組家庭的兩個人，或是已經相互扶持多年的兩人，都會觸動內心的內容，尤其吉野弘的「祝婚歌」更是經典名作，很適合當作結婚賀禮！

《有貓的日子，才叫生活》

（仁尾智著，小泉紗代繪，楊明綺譯／時報出版）

愛貓人為了愛貓人創作，專為愛貓人寫的短歌集。明明都是短短的文字，讀了之後卻忍不住大表贊同、感動哭泣，短歌真的太神奇了！書中的短文與可愛插圖也好暖心。

第30集 在書店也可以做婚姻諮詢!?

朋友因為最近有些煩惱，於是我們久違地約了碰面。她有個交往很久的男友，從年輕時大夥就常跟她說，「下一個就輪你們啦」、「你們倆到底什麼時候要結婚啊？」但眼看將近二十年過去他們仍沒結婚，後來也沒人再提起了……。她說想找我商量結婚的事時，老實說我嚇了一大跳。據她的說法，朋友之中只有我從來沒針對結婚向她問東問西的，反倒讓她想找我聊聊。

至於至今沒有結婚，原因就是她自己完全沒有意願。不過，深知這一點也陪伴她多年的男友，最近似乎提了還是希望能結婚。

「我從小看著我媽為了我爸跟其他女人糾纏不清而煩惱，所以一點都不想要結婚……」面對嘆氣的朋友，我說：「不過，他這麼多年來都陪在妳身邊，妳應該信得過他吧？」說完之後，我們約好過幾天再碰面。

友人來到我工作的書店。

「覺得心情好悶好煩哪……來看漫畫好了！有什麼推薦的嗎？」愈是熟悉的對象，愈煩惱不知道該推薦什麼……看著拿不定主意的我，她說：「我就買現在妳最期待續集上架的那套！」

我推薦她《水流向大海》。主角因為升上高中，而住進了叔叔所在的共享公寓，和其中一名很有個性的房客榊有著意想不到的緣分。因為跟友人複雜的兒時遭遇有一些相似之處，我大力推薦給她。她笑道，「不是漫畫也無所謂，我想要再多買一本！」既然這樣，我介紹她自己同樣期待續集的日常飲食系列書。

《回歸日常三餐7》（帰ってきた 日々ごはん7）是料理家高山直

美每天的食譜。二〇〇二年一開始的內容是與先生和女兒的一家人生活，之後在她任職主廚的餐廳歇業後，歷經主持料理節目、拍廣告等活躍的時期，最新作品中描述的是高山女士在與先生分開生活後的模樣。從這套作品能真實了解到，一個家庭的型態經過長時間持續後的變化。

「結婚這件事呢，只要兩個當事人能接受，我覺得就算不結也無所謂啦！」聽我這麼說，她回答：「我再認真想想，會快快做出決定、不讓他等太久的。」然後笑著離開。

我的推薦

《水流向大海》

（田島列島著，陳楷錞譯／東立）

高中生直達在從離家之後開啟的另一段家庭故事。無論是這棟共享公寓，或是裡頭的房客、高中同學等都很迷人，就像看電影一樣。這麼棒的作品，即使平常不看漫畫的人我也很推薦一讀唷！

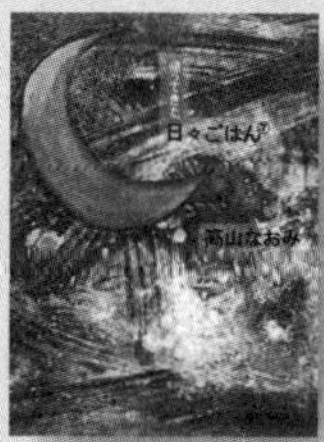

《回歸日常三餐 7》

（帰ってきた日 々ごはん 7）

（高山直美／ Anomima Studio）

雖然是第七集，但可以從任何地方開始閱讀。你能夠欣賞到高山女士的生活，以及貼近生活的食譜，每一集都能感受到作者精心設計的吸引力。

書店店員大小事

將贈品夾入雜誌也是工作之一

*將分別送到書店的雜誌和贈品組合起來，
也是書店店員的任務。

第31集

忙碌的媽媽，放風就到書店吧

在書店裡，平日、假日或各個時段都會有不同的客群。週末假日經常是一家大小，平日放學後是許多穿著制服的國高中生，晚上則是西裝筆挺的上班族進出書店，相當醒目。

上午時段，多半是年長者及主婦，因此這時候在收銀櫃台會看到許多類型的女性雜誌。

有天，一位穿著麻質洋裝的女性顧客走過來問：「請問食譜區在哪裡？」我便引導她到該區，後來她在櫃台結帳時向我道謝：「剛才真謝謝您。」我目送她離開的背影，心想著「嗯？總覺得好像認識她……」到底是誰呢？在哪裡見過呀？雖然完全想不起來，不過印象中應該認識這個人……。

這個謎團很快就在幾天後的週末解開了。和那位再度光臨書店的女性一起出現的，竟然是兒子以前社團的顧問老師！

「老師！好久不見！您最近好嗎？」看著我衝上前，老師笑道：「令郎好嗎？」一旁的太太也露出微笑。原來當年在兒子的社團活動場合上，我曾看過老師和他的家人，因此留下了印象。

「前幾天謝謝您，我又來了。」和藹可親的太太笑道。無論何時遇到她，總是這麼沉穩自然，連身邊的人都不自覺心情好了起來。

又過了一陣子，太太在平日來到書店。我問她：「先生這麼忙，您也很辛苦吧？」她告訴我，「先生平日在學校上課，週六、週日還要忙社團活動，讓我老是單打獨鬥（笑）。不過，先生覺得忙得很值得啦！」典範！真的是堅強女性的典範！我在心中為她鼓掌喝采。

「其實也是有段時間很難受……但現在小孩稍微大一點，我也能像這樣來逛書店了！」

她說在稍縱即逝的自由時間裡，想讀些之前在緊盯著孩子的時期沒能讀的小說，於是我介紹她以社團活動為主題，風格清新的兩本書。

是的，平日中午之前的書店對能獲得片刻自由的女性來說，就是樂園。在這段寶貴的時間相遇的書，說不定哪天會成為妳的心靈支柱。今天我也誠心期待貴客光臨書店，並且找到成為心靈支柱的好書！

我的推薦

《響徹遠方的你的聲音》

（遥かに届くきみの聲）

（大橋崇行／双葉文庫）

故事描寫一群將青春獻給朗讀大賽的高中生，讓人充分感受到用聲音傳遞故事的難度，以及熱衷於一件事物的單純。閱讀時會有一股熱情湧現，而書中朗讀的橋段更是震撼！

《布幕升起》（幕が上がる）

（平田織佐／講談社文庫）

熱愛戲劇的各位，讓大家久等了！這部小說正是以高中話劇社為舞台，除了學生們全心投入戲劇的熱情，指導他們的老師也很令人敬佩。讀完之後更體會到，年輕時的各種際遇都是人生的珍寶。

第32集 累到連書都看不下去的時候

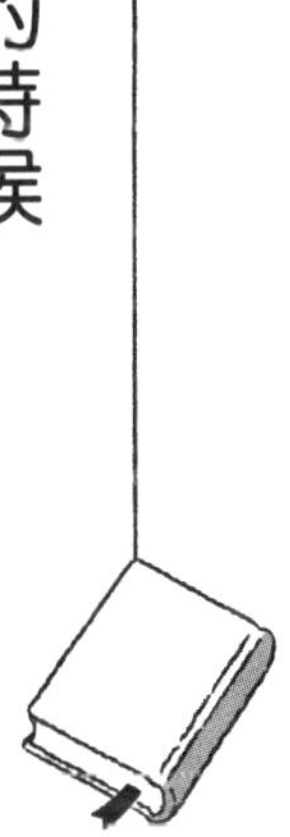

今年接二連三發生令人難受的事情，加上COVID-19疫情肆虐，相信很多人都感到心累。這次來聊聊一位我很喜歡的顧客。

這位女性顧客讀的書很多，我們年齡相近，她是上班族、也是個愛書人。由於兩人共同點不少，自然而然就變熟了，每次碰面都會聊上幾句。她差不多每星期都會來書店一次，一次買幾本書，沒想到入夏後變得很少看到她……我心想，大概是工作很忙吧？

有一天，我下班後繞到咖啡廳，忽然聽到她從後方跟我打招呼，似乎跟我一樣想買杯咖啡外帶回家。她平常都是精神奕奕的模樣，這時看起來卻好疲憊。「最近沒看到您來店裡，讓我有點擔心。」我說。「您看看我，最近真是精疲力盡……」

她說想找人聊聊，於是我們決定留在店裡一起喝杯咖啡。好！今天就加點一塊蛋糕吧！在咖啡瀰漫的香氣中，她稍微放鬆了些，接著說起了主管的職權騷擾。

「在幾個月之前我還能輕描淡寫地帶過，告訴自己反正主管都是這個樣，但最近愈來愈感到沮喪了。」

哇，我懂！我告訴她，自己非常能理解。「真的嗎？過去都可以不在乎，為什麼現在會因為這些事而難過，還讓我懷疑是不是自己的問題耶？」

在身心健康的時候能夠一笑置之的行為，換成在心理稍微失衡時就會成了消耗心神的利刃。過去我也有過類似的遭遇，很了解那樣的心情。

我到後來完全不想見到主管，還會因此嚇得全身發抖，直到連最愛的書也讀不下去，才讓我決定換工作。「不過，也因為這樣我成了書店店員，算很幸運呢。」我看到她的雙眼泛起淚光。

「我也是，現在根本讀不下書……」

等到想逛書店的時候再來就好，我會等妳的，一定要再來唷！說完之後我們就道別了。幾個月之後，變得有點消瘦的她來到書店。

「我辭掉工作了。」

為了想重新慢慢拾起閱讀之樂的她，我介紹了希望能放鬆身心來讀的兩本散文集。

「決定這段時間，暫時『不努力』了。」她恢復一貫的笑容宣布。畢竟我們身處在這樣的時代，接下來，就放掉多餘的力氣吧！

我的推薦

《差點就拚命生活了》

（あやうく一生懸命生きるところだった）

（Ha Wan 著，岡崎暢子譯／ Diamond 社）

別再「拚命」了。即將進入四十歲的作者，選擇停下腳步辭掉工作，記述「不再努力的人生」的散文。提醒我們不必內耗自己去迎合外界，自己的幸福由自己來決定。

《因為一切終將遺忘》

（すべて忘れてしまうから）

（燃え殻／扶桑社）

明明是記述作者回憶的隨筆集，卻神奇地喚起了自己的記憶。書中那些隱隱的傷痛，竟然聯想到自我內心若隱若現的傷痕，有種奇妙的共鳴。作者真是太強了！書中插畫也很棒。

第33集 無論幾歲，偶像永遠是最珍貴的！

突然想問問，各位會追星嗎？至於我的「推」呢，從年輕時就是星野源。這幾年過年時，「對於今年阿源也平安健康地度過一年真是讓我感動到哭」已經成了慣例。

言歸正傳，書店裡每天都會有很多人來尋找偶像的相關資訊。寫真集、雜誌、隨筆集……只要首刷限定版一上架就會湧入預約，甚至在營業時間前就已經有顧客在門口大排長龍！

前幾天也有一名將近八十歲的女士，拿著一本雜誌來結帳，封面是露出端莊笑容的冰川清志。

「需要付費的塑膠袋嗎？」我問。「外頭在下雨，幫我裝起來吧。麻煩封口用膠帶貼好，不要讓雨淋到哦。」我一邊把雜誌裝進袋子裡一邊說：「封面好漂亮哦。」老奶奶回我：「我一直都是他的『超級粉絲』唷～」說完還雙手合十、露出陶醉的笑容。

「他最近的感覺輕鬆自在，很棒呢！看到小清能自由地生活，我就高興了。那首『大吃一驚～』[10]的歌聽了之後也讓人精神百倍呢！」她提到冰川清志為某部動畫獻唱的歌曲，邊說邊笑。

在隔壁櫃台等著結帳，看似大學生的女孩聽了也忍不住噗哧，面帶笑容轉向老奶奶。「真羨慕有『推』。我的話，大概是沒熱情，從來沒特別迷什麼人耶～」女孩說。老奶奶笑咪咪地回應：「對了，我孫子也跟我說，最近大家都不講『粉絲』改講『推』了啦！」

「像您的『推』就是小清啦。」我對面前的奶奶笑道。隔壁結帳的同事則笑著對女孩說：「『推』不光是藝人唷～像您買的這些書的作家，也算是您的『推』吧？」女孩聽了之後恍然大悟，「對耶！這是我的『推』！」然後又說，「真想多幾個我推的作家！」

我從她購買的那些書推測她的喜好，再介紹了幾本她還沒讀過的作家著書，後來她買了《毀滅前的香格里拉》和《鴨子》（あひる）。

後來，兩人再次碰巧在結帳櫃台遇到。「妳看！」老奶奶秀出雜誌封面，女孩也笑著不甘示弱，「嘿嘿。這是我推！」秀出了文庫版的封面給老奶奶看。

10 編註：原文為「おったまげ～♪」，是指冰川清志為《七龍珠》所演唱的主題曲《限界突破×サバイバー》中的一句歌詞。完整歌詞是「全王様もオッタマゲ‼」（就連全王大人也會大吃一驚）。

我的推薦

圖片提供：采實文化

《毀滅前的香格里拉》

（凪良汐著，韓宛庭譯／采實文化）

一個月後地球將因為被小行星撞上而毀滅。人生過得並不順遂的四個人，該怎麼度過這最後的一個月呢？面對 COVID-19 疫情，讓人不禁想問問：生存的意義是什麼？究竟什麼是幸福？這是部傑出的作品，希望大家都能讀一讀。

《鴨子》（あひる）

（今村夏子／角川文庫）

一家人養了名叫「海苔蛋鬆」的鴨子，鴨子立刻大受一群鄰居孩子的歡迎，後來卻生病住院了。幾個星期後出院回家的鴨子，卻和之前不太一樣了……。這本書超厲害，看似童書又像恐怖小說，非常精彩的作品。

第34集 有「學會如何愛自己」的書嗎？

有一天，一名不到四十歲的男性顧客來詢問：「請問，離婚的書放在哪裡？」（順帶一提，我們書店「離婚書區」與「結婚書區」是相鄰的，在那一區附近經常能窺見人們在人生中的細微末節……）引導那位顧客到了那一區，他又問：「推薦哪一本呢？」呃……這問題還真難……於是我問了最近整理過那一區書籍的負責同事後，介紹了一本暢銷書。然後我發現，旁邊有一位看到這段互動的女性顧客，也悄悄地拿了同一本書。

「幫我包書衣，把書名遮起來（笑）。」我幫男性顧客結完帳之後，下一位來到收銀台的，就是剛才拿了同一本書的女性顧客。「麻煩您了。」我對她的聲音有點印象，抬頭一看，才發現是我前公司的同事。

「好久不見！」想要接著問她「最近好嗎？」這時想到她和前一個結帳的男性顧客一樣，買的是講離婚的書。她似乎也察覺到了，笑道：「不用包書衣了。好久不見，要不要到附近喝杯茶？」於是便約好了等我下班後在書店附設的咖啡廳碰面。

下班後來到了咖啡廳，看見她正邊讀先前買的那本書邊等我。一問之下才知道，她和先生最近開始分居，打算離婚。

「總之，就是先生偷吃。」她說。「遭到背叛當然很難過，不過想到怨恨對方，還有對往後的生活不安而倉皇失措，就好討厭這樣的自己……搞不好，我真的已經在不知不覺中成了先生的附屬品。」

「不過，再仔細想想，人生還長呢！我覺得以後一定會有好事發生，要打起精神繼續往前走。」聽到這番話，我請她「等我一下！」然後離開座位，趕緊去買了一本書送她。《真心話的所在》（本音の置き場所）是諧星芭比的著作，螢光粉紅色的書腰讓人感到活力十足。

幾天後，收到這位前同事傳來的ＬＩＮＥ訊息，除了「好像開始有點喜歡自己了！」的感想之外，還有「請再推薦其他書給我」。

我回訊問她：「《性感的田中小姐》（セクシー田中さん）」這套漫畫妳看過嗎？」「沒有！可以請妳幫我留嗎？」。人生會面臨各式各樣的遭遇，但如果能每天多愛自己一點，相信前方一定有幸福等著你。

我的推薦

《真心話的所在》（本音の置き場所）

（芭比／講談社）

如果你只知道諧星芭比的一面，那就太可惜了！勇敢面對，正視自己的慾望、自卑的她，又美又帥！讀完之後會讓人鼓起勇氣起身奮戰。

《性感的田中小姐》（セクシー田中さん）

（蘆原妃名子／小學館）

主角粉領族朱里個性悠哉自在，是一名優秀的會計，但她對年近四十、毫不起眼的田中小姐好奇得不得了。這部出色的漫畫，希望成熟大人都來看看！（附註：雖然全系列未能完結，但我一直從中獲得勇氣。謝謝您，蘆原老師。）[11]

11 編注：蘆原妃名子在 2024 年離世前曾透漏《性感的田中小姐》尚未完結，因此為尊重已故作者遺志，在作者過世後所出版的第八集未標明「最終卷」。

書店店員大小事

開店前很忙碌

＊營業時間前一小時就要到店裡，
把今天發售的雜誌、新出版的書籍一一上架。

第35集　獻給在這個春天即將啟程的你

「哎呀，我家女兒真是的，根本不唸書，煩死了！」一名女性常客同時也是家有考生的母親。

過去她經常受孩子之託，到店裡來買漫畫，但去年開始幫孩子買參考書、大學簡章等，我家裡也有同年紀的兒子，於是就聊了起來，「我們都好辛苦呢。」

天下父母心，都比孩子更感到緊張……相較之下，自己應考的時候倒還輕鬆多了呢！

似乎每個媽媽都一樣，到處交換考試資訊，為孩子的前途擔心，忍不住嘆氣。

「我也不是覺得她都沒唸書啦，只希望她能再加把勁。」聽顧客這麼說，我笑答：「一定是不想在爸媽面前擺出埋頭用功的樣子啦～覺得難為情吧？」

「買了這麼多參考書，代表很用功呀！」我鼓勵顧客，她說：「一樣也買了漫畫啊。」接著拿起剛買的最新一集給我看（笑）。總要稍微放鬆休息一下嘛～我目送她離開。這是夏天快結束的時候。

「我家小孩把漫畫全都收起來了耶！」就在書店附近的銀杏行道樹葉片變色時，聽到顧客更新近況，孩子把家裡大量漫畫都收進了媽媽的衣櫥裡，「根本就超級占空間的！」媽媽嘴上雖然抱怨，看起來還蠻高興的。「等到明年春天再移回小孩房間就行啦！」我告訴她，她豪邁大笑著回答：「我們一起努力吧！是說，努力的也不只我們啦。」

然後，前幾天這位顧客來到書店要買最新一集的漫畫，「我女兒要搬出去一個人住了，前陣子在找房子。」

「她考上啦！恭喜！」聽我這麼說，「女兒現在住的地方很小，她說沒辦法把漫畫帶過去。」顧客顯得有點不捨。「最近我常想起女兒小時候的事。像是她很怕鄰居的一隻小狗，每次經過那戶人家都要我抱她。還有啊，她總是把『馬鈴薯』講成『馬寧薯』……」她邊說著，眼中泛起淚光。當然，我也跟著濕了眼眶。「欸，幫我拿個面紙！」我趕緊請同事支援。

顧客說不好意思寫信，想改成送本書給女兒，於是我介紹了她適合慶祝踏上旅程的書籍。她帶著包裝好的書，離開書店。

不久後，就會是櫻花綻放的季節了！

我的推薦

圖片提供：獨步文化

《沙漠》

（伊坂幸太郎著，王華懋譯／獨步文化）

對凡事都漠不關心的年輕人北村，在進入大學就讀的春天結交了四個朋友。這部以大學生活為舞台的傑出小說，很希望年輕族群都能看看。書中出現聖修伯里的話，非常精彩，請試著在閱讀時找找看這些金句吧！

《檸檬時光》（檸檬のころ）

（豐島美穗／幻冬舍文庫）

以鄉間高中為舞台的七個故事。雖然沒發生什麼重大案件，但出場的人物、學校、小鎮都讓人感覺似曾相識，不忍釋卷，原因就在作品中瀰漫的濃濃鄉愁。

第36集

美容院裡的小插曲

這是某天，我在美容院裡發生的小故事。

我常去的美容院因為 COVID-19 的疫情出現大轉變。進到店裡會用醫療透氣膠帶把口罩邊緣貼在臉上，這樣就能在鬆開雙耳的鬆緊帶，但仍維持戴口罩的情況下剪髮。另外，美容院的大門也保持開敞。

在我預約的時段，有個臉上有雀斑、令人印象深刻的可愛女孩進來，跟我隔了兩個空位坐了下來。

顧客和設計師的交談也大量減少，店內響起的只有剪刀修剪頭髮的喀嚓聲。太過安靜到受不了之後，設計師對女孩說：「現在哪裡都不能去，很無聊吧？」

女孩這麼回答：「我考上大學，才剛搬到這附近⋯⋯。現在學校幾乎都是遠距上課，連一個朋友都還沒交到，真的很閒。」從口音聽來是關西出身的娃娃臉女孩，想到她遠赴關東唸書，連學校都沒得去，也交不成朋友，這讓在旁邊剪完頭髮的我（正圍上了圍布要染白髮）都忍不住難過到泛淚。好可憐！太令人難過了！

看到我這副模樣，我的設計師笑道：「欸，妳居然馬上就哭了！」然後對著隔壁的女孩說：「妳愛看書嗎？她是書店店員，常介紹我們好書唷！」

女孩說她從小就喜歡自然科，在大學專攻生物學。隔離期間她讀了各式各樣與 COVID-19 相關的書籍，不過，她對小說類型就不太熟，幾乎沒讀過，因此我推薦了兩本給她。

《等待李爾醫師之時》（リウーを待ちながら）是描寫病毒感染擴

大的漫畫，出版時間雖然是二〇一七年，卻因為有些情節令人聯想到COVID-19疫情而引發討論，備受矚目。

另一本則是《疫情與潛水衣》（コロナと潜水服），這是直木獎作家奧田英朗令讀者期待已久的新作品。集結了幾則情節奇妙且帶點溫柔的短篇，應該能讓獨處的時間變得更溫暖且充實。

女孩輕聲低語：「居家隔離的期間，我思考著唸書和閱讀的意義。在這麼艱辛的時候，還能唸書、閱讀，其實真的很幸福耶。」

大概一個月過後，我又去剪頭髮。設計師遞來一張小卡片，是上次那女孩請她轉交的。

「這兩本書都好棒！」旁邊還畫了輕鬆可愛的小插圖——這張卡片被我夾在記事本裡珍藏著。

我的推薦

《等待李爾醫師之時》（リウーを待ちながら）

（朱戶 AO／講談社）

傳染病蔓延，整個城市遭到封鎖。醫師、自衛隊軍官、母親過世的女兒……從各個不同角色的觀點來描寫的故事。推薦搭配本書中出現的卡繆（Albert Camus）名著《瘟疫》（*La Peste*）一起閱讀！

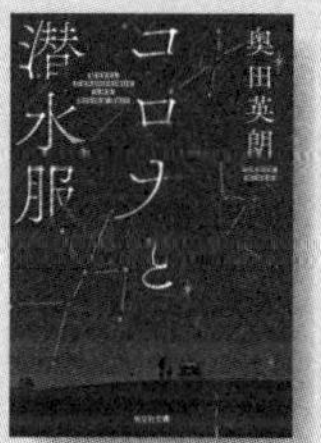

《疫情與潛水衣》（コロナと潜水服）

（奧田英朗／光文社文庫）

包括同名作品〈疫情與潛水衣〉在內，共收錄五則短篇。每個出場人物都十分親切、可愛，特別是奧田老師描寫的大叔。閱讀之下，相信會對同名作品中出現居家隔離的那一家人感覺格外暖心。

第37集 當書店店員變成顧客時

講一件個人的私事——我前陣子搬家了。

搬完家之後，最近總算稍微安定下來，讓我決定到住家周圍探險。搭上電車，正準備翻開剛買的石黑一雄最新作品時，碰巧與對面座位上一名戴著眼鏡的年輕女子對上眼神。一看她的手上……竟然也拿著同一本書！

我開心地露出笑容，那名女子也笑著輕輕點了一下頭，就在心情大好之下抵達了目的地。然後，剛才那名女子好像也在同一站下車。

接下來，我採購完需要的用品之後，繞到位於購物商城裡的書店。這家書店瀰漫著奇妙的「小鎮書店」氣氛，感覺親切又舒服，顧客也接二連三的造訪。

「不好意思，我想找一本有貓咪的科幻小說……」

「我想找加藤成亮推薦的書。」

為顧客解決各式各樣問題的店員，竟然就是剛才那位戴眼鏡的女子！她看起來雖然很文靜，但工作效率很好，只要顧客一說出書籍的特徵，她走出櫃台就能立刻到書櫃上找出那本書。沒有多餘的動作，顧客看來也都十分滿意。

等到櫃台前暫時沒有顧客時，她笑著對我說：「我們剛才搭同一班電車耶。」我對她推薦的書很有興趣，於是問她：「不知道有沒有推薦什麼趁空檔就能讀完的短篇集呢？」她立刻介紹了兩本給我，「這兩本您讀過了嗎？」

《療傷小酒館》講的是一間在巷弄裡不賣酒的小酒館，卻吸引到各式各樣的人物。另一本《天使與惡魔的戲院》（天使と悪魔のシネマ）則是二〇一九年熱議小說《人》的作者小野寺史宜的作品。

我帶著剛買的書，在回程的電車中不經意地察看一下手機裡收到的郵件，發現徵才資訊裡竟然有剛才那間書店。我等不及回到家，直接在下一站出站打了電話，立刻跟對方約定好面試日期，最後還順利地應徵上了那間書店！

真期待能在新的書店裡再認識更多顧客！

眼鏡店員的推薦

圖片提供：大樹林

《療傷小酒館》

（益田米莉著，邱香凝譯／大樹林）

在公司、在家裡遇到討人厭的事情，請你推開療傷小酒館的門吧！在這裡一定能讓你稍微喘口氣，除了酒類之外什麼都有，最推薦在疲勞的夜裡享用。

《天使與惡魔的戲院》（天使と悪魔のシネマ）

（小野寺史宜／ Popula 社）

在「一般人」來到命運交叉點的絕佳時機出現的天使與惡魔。雖然是描繪人類生死的作品，但柔和的寫法讓人感到溫暖。整本書讀完之後才會發現故事裡的巧思安排，充滿娛樂性。

書店店員大小事

腰痛與腰部扭傷的機率很高

第38集
強力的幫手現身！

託大家的福，書店每天都很忙碌。最近那套與咒術對戰的少年漫畫大爆紅！那天剛好是最新一集的上架日，結帳櫃台前大排長龍。學生、（大概是）受孩子之託的母親，還有（看似）搞不清楚狀況但受孫子拜託的老人家。總之，男女老幼幾乎人手一本漫畫出現在店裡。

我站的櫃台前，來了位籃子裡裝了一整套的男子。

「有哪些要包書衣的嗎？」「每一本都要包，然後幫我把集數寫在書背上。」「要花點時間，請您稍等。」我把每一本包在外面的收縮膜拆掉，然後包上書衣，寫好集數，裝進紙袋裡。同樣的動作重複好幾回之後，帶著滿滿的成就感目送顧客離去。下一個出現的是一位女性常客，她是個愛書人，一星期會來書店好幾次，每次都打扮得很時尚，感覺個性很豪爽。

「哈哈哈，妳一副快累癱的表情耶。」露出疲憊表情的我真是太不專業了！我在內心反省，同時回答她：「結帳隊伍好長哦！」順便又問她：「前幾天買的書您看了嗎？」上次她買了我推薦的書。

「超讚！我今天又買了同一個作家的書。還有其他推薦的嗎？」她說最近讀了很多親子主題的書。「其實我要當媽媽啦！」她一邊摸著腹部，「快四十歲才當媽，所以會煩惱很多事情！像是會不會太過溺愛孩子成了糟糕的媽媽之類……」她露出苦笑。

「既然這樣，要試試這本嗎？」我介紹了內田也哉子與中野信子合著的書，「這我有興趣！」她一秒就決定購買，「還有其他的嗎？」我接著又推薦了好幾本，真不愧是愛讀書的顧客，這些她竟然都看過了。哎呀，已經沒有我能介紹的書了。嘎啦嘎啦，拉下鐵門。就在我難過得想拉下心中的鐵門結束營業時，前輩N剛好走過去。

「N前輩！有沒有什麼推薦的親子相關書籍？」即使面對突如其來的狀況，N前輩神態自若，信手拈來好幾本推薦書！顧客從裡頭挑了《那個人不忍心殺蜘蛛》（あのひとは蜘蛛を潰せない）。

這下子我找到了厲害的幫手。目送顧客離開後，我問：「剛才那本書還有庫存嗎？」N前輩笑著說：「妳也想讀了吧？感謝購買！」

我和 N 前輩的推薦

《為什麼要繼續當家人？》

（なんで家族を続けるの？）

（內田也哉子・中野信子／文春新書）

內田也哉子是內田裕也和樹木希林夫妻的獨生女，她與腦科學家中野信子的對談集。兩人探討了什麼是普通家庭、育兒，還有幸福的尺度。藉由閱讀本書，重新深入思考的這些問題。

《那個人不忍心殺蜘蛛》

（あのひとは蜘蛛を潰せない）

（彩瀬圓／新潮文庫）

「不要變成丟臉的女人」——母親的這句話成為主角梨枝的緊箍咒。親子之間確實存在著甩不掉的束縛吧！閱讀過程中一下與女兒有共鳴，一下又擔心自己會跟那位母親做出同樣的事，複雜情緒不斷交錯……。是一本讓人想要一讀再讀的好書，尤其推薦給女性讀者。

第39集 貓狗嫌的時期，一旦撐過去就好了

某天，有個媽媽抱著哇哇哭泣的小男嬰，排隊結帳。看到她手上拿的是《39！主婦生活情報誌》（開心）。幸好結帳的隊伍並不長。我看著那位媽媽，在心中默禱，就快輪到你們了！加油！

沒想到，正在結帳的大叔開始露出不耐煩的眼神，不但口中發出嘖嘖聲，手指還不停敲打著櫃台。

「請問需要包書衣嗎？」問了之後，他也只是隨便點了點頭，「嗯……」然後瞄了一眼排在後方的母子，又嘖一聲，丟下「真是的……吵死了」這句話。

那位與懷中不斷扭動的寶寶奮戰的母親，聽到之後低下頭，排在她後面一位手上拿著益智猜謎遊戲雜誌的老奶奶，帶著同情的眼神盯著她。不耐煩大叔結完帳之後，終於輪到那對母子。不知道是不是我多心，媽媽的雙眼似乎有些濕潤。

我忍不住對她說：「小孩子在這個年紀都會這樣啦！我家兒子以前也是讓我傷透腦筋，我懂！長大就好啦，真的只有一段時間會稍微辛苦啦～」在隔壁拿著猜謎雜誌結帳的老太太問：「哇，你兒子也還小嗎？」「呃，他今年要十九歲了……（笑）」「哎呀，那當然不會愛哭了嘛！」老太太笑道，「不過，真的只是一陣子啦，馬上就能撐過去哦。」語氣聽來也很有經驗（順帶一提，這時候在媽媽懷裡的寶寶依舊不斷扭來扭去，動個不停）。

「早上還很乖，想說帶出來應該沒問題的……，希望下次能慢慢逛。」說完媽媽就帶著兒子離開了。

撐過這段時間！我和那位一起同聲為她打氣的親切老奶奶，目送母子離開的背影。

幾個星期後，正當我在雜誌區補貨時，「不好意思，請問適合女性的散文集在哪一區？」問我的是上次那位媽媽。

「您好！今天您一個人來啊！」她聽到之後，「啊，妳是上次的……」並露出難為情的笑容，「先生帶著小孩在美食街吃點心，我就趁機來逛一下（笑）！」

我帶她到散文區，並介紹了幾本書，最後她從中挑了與「幸福」相關的主題。

「小孩這段人家說『貓狗嫌』的時期真的好辛苦，現在已經搞不清楚這到底算不算幸福了，但還是想著『撐過這段時間』來克服。」她說完後，帶著笑意走回美食區，那裡有正在等待她的家人。

希望這段辛苦的時期，有一天會成為美麗的回憶！

我的推薦

《微小的幸福 找尋只屬於我的愉悅～食物篇》（ちょっと幸せ 私だけ？の〝小さなハッピー〟探し～たべもの編～）

（微小幸福找尋委員會／大空出版）

人人都買過的食物中隱藏的「微小幸福」，像是「無尾熊餅乾」裡「有眉毛的無尾熊」或是「惠比壽啤酒」裡的幸運惠比壽神等，書中介紹了許多能讓人感到開心的食物，書籍本身也很適合用來當作小禮物送人！

《我決定將時間留給自己》

（私は私に時間をあげることにした）

（Lady Duck 著，趙蘭水譯／ SB Creative）

社群網站上擁有 15 萬名追蹤者的當紅散文作家最新作品。工作、家事、育兒……每天得做的事情那麼多，是不是總習慣把自己放在最不重要的位置？無論停下腳步或是休息一下都好。正因為必須一直往前走，有時候才需要稍等一下自己。書中可愛的插畫與文字，讓人不自覺地想要靜下來細細品味。

第40集

我們想要的就是「心動」！

一轉眼又到了夏天。季節每年固定更迭，但會讓人感到特別雀躍的還是夏天吧？還是只有我這樣？

我工作的書店就位於車站附近，也因為這樣，每到傍晚就有很多放學後的學生來到店裡。這一天，我面帶微笑看著一對夏季打扮的小情侶來買漫畫，一位常客來到櫃台前說：「好閃哪～」這位女性常客來預約某漫畫的特裝版，她跟我年紀差不多，也熱愛少年漫畫，我們不時會交換資訊。

「心跳加速的情緒，印象中以前也會有呀！但現在完全想不起來啦～」聽她這麼說，我回應：「在現實生活中很難遇到『心動』的時刻啦，搞不好看個愛情漫畫之類的還不錯唷。」「我平常不太看戀愛類型，好像偶爾可以看一點耶！」她立刻表示贊同。

「我最近讀到一個很棒的故事！」馬上介紹一本給她，本來還挺順利的，但她隨即又問：「還有其他推薦的嗎？」我瞬間語塞。當機了。不太熟悉愛情類別的我，一時之間很難想到可以推薦的作品。

我問了身邊的幾位同事，「講到『心動』的漫畫你們會想到什麼？」得到的回答卻是「要看BL的話我倒是可以介紹幾套」，或是「我平常只看戰鬥類型的耶～」。

糟糕……懂得「心動」的人到底在哪裡？我衝到漫畫區，對著負責那一區的同事（她也跟我年齡相近）大喊：「給我『心動』類的！」

「咦？！這是我守備範圍之外耶……我的漫畫偏好可是超越大嬸、直達大叔的耶！」同事嘴上雖然碎唸不停，但不愧是負責人，告訴了我好幾套讓人「心動」的漫畫。

其中她首推的碰巧和我推薦的是同一套，講的是女大男小的戀情。

「俊俏小鮮肉真是不錯啊……」我說。「跟小鮮肉談戀愛的漫畫，根本是能讓人忘掉現實生活的奇幻作品嘛！」同事補充。

我回到櫃台，把漫畫區負責人的話忠實轉述，顧客聽了大笑，「真的耶！我要回去鑽進奇幻世界裡了！」

後來，顧客又來到書店要買後面的集數，「吼！我真的完全迷上了～！真好奇後續，但又不希望完結！」她露出苦惱的模樣（笑）。

當現實生活讓人感到有些疲憊時，不妨試著踏入「心動」的世界吧！

我和同事的推薦

《腳踏車行的高橋君》

（自転車屋さんの高橋くん）

（松虫 Arare ／ Leed 社）

飯野朋子，暱稱飯子，30 歲。因為偶然的小事與附近腳踏車行的高橋君（小混混外型）變熟了……。對自己沒什麼信心的主角和不善表達的男友，兩人戀愛的模樣令人感動。我超級大推。

《壞心眼的青島君》（青島くんはいじわる）

（吉井 Yu ／大誠社）

被要求帶男友來參加妹妹婚禮的雪乃（35 歲／單身無男友）。在死馬當活馬醫之下，找了公司年輕小鮮肉青島君，委託他充當一日男友。這位傲慢不羈的小鮮肉（再強調一次，真的很帥）青島君，讓人「心動」不已！

第41集

是媽媽，也是人家的女兒

「認知障礙相關的書在哪裡？」

提問的是一名年近五十歲的女性顧客。她最近覺得跟母親的溝通不太順暢……後來發現母親被診斷為認知障礙。雖然因為這件事大受打擊而感到沮喪，但心想「這樣下去也不是辦法，還是多了解一些認知障礙的狀況」，於是來書店找書。

「我的祖母也罹患認知障礙，我了解妳的心情。」我引導她到書櫃前。

「老化」對人類來說真是一大課題，現在介紹這方面的書，從專業書籍到稍微輕鬆的漫畫或隨筆集都有。

「我媽媽年紀比較大才生下我，我又是獨生女。媽媽把我從小呵護到大，我卻沒辦法親自照顧她……最近她要住進安養中心了。」

這位顧客是三個男孩的媽媽，她露出難過的表情，說平常總是很忙，加上其他狀況，因此讓她無法分身照顧媽媽。

「孩子現在也處於叛逆期，我好像不管當媽、當女兒都很差勁，太沮喪了。我母親以前曾在家裡照顧祖母，但她在我面前總是很有精神、活力十足。」說著說著，她雙眼泛淚。

在自家中長照，並不是理所當然可以做到的，有時候照護者也會受不了。但是，沒能親自照顧父母而為此有罪惡感，這樣的心情我非常能理解。

過去總是開朗又有活力的母親，卻因為認知障礙像是變了一個人，這實在太教人難過。

她說，等到媽媽搬進安養中心之後，她會盡量常去探望。「不然，就買本適合在來回電車上看的書好了。」既然這樣，我介紹了《熱鬧的落日》

（にぎやかな落日）。故事裡充滿活力又可愛的主角老奶奶，讓我聯想到顧客口中的母親。

接著，我拿了另一本繪本《明明啊明明》給她看，「不過，這本倒是不太推薦在電車上閱讀啦……」她翻閱了幾頁之後，拿起手帕擦拭眼淚笑著說：「真是的！根本意圖使人購買！」

結帳時我對她說：「呵呵呵～我之前讀這本書時也哭了。我猜啊，令堂要是在健康時讀到的話，也跟我們一樣會哭吧。」這位客人聽到後，露出明亮的笑容，對我說了聲「謝謝」。此刻的她，是一名母親、同時也是女兒，也是位充滿煩惱卻仍努力奮鬥的女性。

我的推薦

《熱鬧的落日》（にぎやかな落日）

（朝倉霞／光文社文庫）

這是描述在北海道獨居的持子老奶奶（83歲）動人的晚年故事。持子奶奶呢，雖然有時任性又拗脾氣，但還是非常可愛。

圖片提供：三采文化

《明明啊明明》

（吉竹伸介著，許婷婷譯／三采文化／2021年）

暢銷繪本作家吉竹伸介的新境界！這本繪本真的很不簡單。包括我們書店裡幾位媽媽店員，當初剛進貨時讀了這本，結果所有人在開門營業前哭成一團（笑）！沒想到光是重複著「明明啊明明」，竟然會在心裡引起前所未有的震撼。

第42集 差不多該出門走走了

這一天下班後，我留在書店想要挑禮物送給朋友。這位遠走他鄉在異地結婚、生活的朋友，和我已經有一段時間沒見面了。本來預計這個夏天要返鄉，卻因為疫情而作罷（哭）。

我心想……至少送她個禮物吧！問了之後，她說：「想要日本的調味料，還有最近覺得還不錯的書。」

這要求其實不簡單哪！我站在書櫃前面傷腦筋時，「不好意思……」開口的是一位最近常見到的女性顧客。

她身穿寬鬆的咖啡色洋裝，搭配色彩鮮豔的非洲布包，打扮相當時尚。由於她不時出現在書店裡，應該對我也有印象吧？

她叫住我之後，似乎發現我身穿便服，就露出了疑惑的表情。

「在找什麼嗎？」我問。「您已經下班了，方便嗎？」我回說，可以先告訴我書名，如果我不清楚的話，再請正在上班的店員同事幫忙。顧客接著問：「想請問除了導覽書之外，還有其他旅行相關的書嗎？」

對了，這位女性顧客每次買的書都讓人感覺很奇妙。看她買了好幾本旅遊工具書，心想她是要去哪裡呢？結果地點是像「夏威夷、京都、長崎」這樣分散各地，沒有一個大方向。

「有決定哪個目的地嗎？」我問她。「我每次來買旅遊書，但其實……都沒有真正的目的地，而是自己神遊啦（笑）。」她說自己非常喜歡旅行，疫情前常找時間到處旅遊，但現在連輕鬆出門都很難，只能靠想像旅行了

（太可愛！）

「既然這樣，要不要看看旅遊紀實或是描繪外國生活的漫畫呢？」

剛好我手上拿著想送給朋友的漫畫，就是以柏林為舞台。我推薦之後，顧客立刻笑著說：「哇～柏林耶！我還沒去過。」另外一本則順應她的要求，我介紹了原田舞葉的旅遊隨筆集。

一起排隊結完帳之後，我對她說：「真等不及想再次說走就走，到處旅行了呢！」「在那天來臨之前我就繼續神遊！改天再來書店～」離開前她揮手道別。

你也會邊看旅遊導覽邊神遊嗎？用想像的話，無論目的地在地球的另一側，或是海底，甚至在外太空都能去呢！太划算啦！

我的推薦

《遙想遠方暗箱》（思えば遠くにオブスクラ）

（靴下ぬぎ子／秋田書店）

因為火災流離失所的自由攝影師亞生，臨時起意決定移居德國的她，將會發生什麼事呢？請讀者一起感受在柏林的生活！書中出現的食物看起來都好好吃。

《瘋癲的舞葉》（フーテンのマハ）

（原田舞葉／集英社文庫）

創作出許多知名作品的作家原田舞葉，究竟是什麼樣的人？這本書就是喜愛「移動」且熱愛飲食的她的旅行紀實，以生花妙筆忠實地傳達了旅遊的樂趣。

〈第43集〉今天最年輕

那是櫻花仍盛開時的事情。

有一位來到書店的顧客，手上拿了好幾冊文庫本。

「需要給您一個購物籃嗎？」我主動詢問後，她微笑著向我道謝。這位有著一頭美麗灰髮的顧客，身穿淡色系針織衫、牛仔褲搭配娃娃鞋。好優雅啊！將來也想成為這樣的女士！我在心中暗白著迷。顧客說，原本一起住的姊姊住院了，今天要來買幾本書帶給她。

「我姊姊以前其實不太看書的，因為住院之後太無聊才開始閱讀。她好像特別喜歡推理小說，但我不太熟……」

「令姐喜歡致鬱系推理嗎？」我看她拿到收銀台的購物籃裡，有好幾本是這個類型。結果顧客反問：「致鬱系是什麼意思？」我告訴她，就是讀完之後心情不會太好的推理小說，「哎呀，我姊姊也不是特別喜歡這一類，應該只要內容有趣她就喜歡吧……」

她好像只是碰巧全都選到致鬱系的小說（笑），我對一臉困惑的她說：「致鬱系推理很有趣唷！尤其您挑的這本非常受歡迎！」

此外，我順便推薦她其他明快類型以及大圓滿結局的作品，她也全數買單。只是後來聽她說，她姊姊一頭栽進了致鬱系推理的世界（笑）。

過了幾個月，夏去秋來，到了天氣愈來愈涼的時節，才看到她再來店裡，身形似乎消瘦了一點。聽她說了才知道，原來姊姊過世了，讓她最近整個人有氣無力。

「畢竟我們倆一起生活了很久，真捨不得。我甚至還想，她會不會變成鬼回來找我呢（笑）。」她說，之前買給姊姊那些書從醫院帶回家之後，自己全都讀完了。

於是我推薦她幾本有些奇妙的老奶奶故事。一本講的是時髦又古怪的大嬸鬼魂，另一本則是打算面對新挑戰的六十五歲女性。「哇！跟我同年呢！對呀，就算年紀大了，今天還是最年輕的嘛，重新開啟人生也不錯。」看她接過書時臉上的笑容，感覺跟封面上的人物有點像呢！

我的推薦

《大嬸在的地方》(おばちゃんたちのいるところ)

（松田青子／中公文庫）

哪天如果不在這個世界了，我也想化成鬼魂出來晃晃看。這是一本充滿巧思，讓人不知不覺愛上的短篇集，尤其好愛第一篇裡的大嬸！

《海波追尋的終幕》

（たらちねジョン著，張紹仁譯／東立）

失去丈夫的老婦人，因緣際會下結識了美術大學學生，竟然一頭栽進了電影的領域！這本書給想要開啟新生活的人無比的勇氣，發人深省，衝擊直達內心。

第44集 又到聖誕節了！

「聖誕節又來到了啦，呵呵呵呵♪」一如往昔的，我的腦中自動重複播放著某白鬍子老爺爺店裡的廣告歌。

這個時期也是書店最忙的一陣子，一面忙著上架貨品，一下子被叫去支援收銀、包裝，或是回應顧客對商品的詢問……。事情一件接著一件，一天就過去了。

最近，讓我印象最深刻的就是要找禮物送給小孩的一對夫妻。「欸，這不是很普通嗎！」有人會這麼想吧？不是的！

那天傍晚，只有先生一個人又來到書店，還說「要挑個禮物給愛閱讀的太太，想偷偷放在她的枕邊」！是不是很棒？太貼心了吧？在場的店員異口同聲高喊：「好閃哪～」他認真地挑選著會讓太太高興的書，那副模樣真想讓白天同行的太太看到。光是這份心意，我覺得已經是一份很棒的禮物了，這讓我忍不住眼眶一熱，「為什麼哭了？！」反倒是讓顧客感覺莫名其妙……。

幫顧客把費盡心思挑選的書包裝好，看他小心翼翼帶著禮物離開的模樣，我又忍不住熱淚盈眶。

每年我都會這麼想，在重要的日子裡有人會選擇書本當作禮物，對書店店員來說是無與倫比的幸福。就算得加班，即使休息時間得延後，還是真的、真的非常幸福。

這次就從今年和顧客們一起挑選當作聖誕節禮物的書籍裡，介紹印象比較深刻的兩本。

一本是男大學生挑的詩集（也太可愛了），要送給在聖誕節生日的朋友（大概是他心儀的女生）。另一本是結婚後第一次共度聖誕節的夫妻，因為想一起做頓豪華晚餐，由男方挑的食譜（同樣很可愛）。

禮物，就是愛吧？各位不妨也用書當作禮物，送給心愛的人吧！

順帶一提，開頭提到那位要在妻子枕邊準備禮物的顧客，我一回家就把這個工作小插曲講給先生聽了，當然是另有所圖。今年聖誕節知道該怎麼辦了吧？老公！

我的推薦

《一日尾聲時的詩集》（一日の終わりの詩集）

（長田弘／ Haruki 文庫）

詩人長田弘，真的很了不起！不用任何一個艱澀的詞彙，卻那麼美。直率的文字觸動人心，非常適合睡前細細品味的一本書。

《Chef Ropia 的頂級義式小點》

（Chef Ropia 極上のイタリアンおつまみ）

（小林諭史／ Wani Books）

封面的威力是不是太強大了？我要是能在家做出這些料理，保證可以收服家人的胃！想要做聖誕大餐請務必參考這一本。

書店店員大小事

店內的裝飾擺設也是工作的一部分

*書店還會舉辦陳列大賽，愈來愈講究，
甚至還出現立體裝飾物。

第45集 能在新年團聚的幸福

聖誕節過後，書店出現為了連假年節採買順便來逛逛的顧客，以及想趁著放長假閱讀而來大量購書的顧客。今年（＊二〇二一年）似乎有不少久違返鄉的人，看到很多帶著旅行袋的顧客，其中有位年紀二十出頭，推著帶輪旅行背包的女性顧客來詢問。

「這套有最新一集嗎？」

顧客手上拿的是長期連載的當紅漫畫。不過，讀者群一般來說以大叔居多，年輕人倒是很少見，難道是別人託她買的嗎？

我拿了最新一集給她，「店裡有準備贈禮用的紙袋，需要的話結帳時請跟店員說一聲。」沒想到，顧客聽完不知為何濕潤了眼眶。

「不好意思，是不是我說錯了什麼，對不起！」我趕緊道歉。「不是的，其實我父親是這部漫畫的忠實讀者。」因為在疫情期間，她一直沒能見到面的父親過世了。

「當時正是疫情最嚴重的時候，連我母親也沒辦法送他最後一程。媽媽和我直到最近才好不容易稍微平復心情。」

聽到這段緣由，我也忍不住哭了……這下子顧客連忙遞了面紙給我。

「我本來繞過來是想買本書在回老家的電車上看，沒想到就看到這套漫畫。」

原來，在父親過世之後又出了幾本續集，這天她連同最新一集買了要帶回去。

「我爸一直很期待後續。只是我跟我媽都沒看過，這次想就從第一集開始看吧。」

目送帶著漫畫準備返鄉的顧客，我心想也來挑本年假中閱讀的書。

介紹最適合陪伴各位度過長假的兩本書，請大家待在溫暖的家中享受閱讀之樂，願我們年年都有個好年。

我的推薦

《媽媽寄來的包裹為何總是那麼老土？》

（母親からの小包はなぜこんなにダサいのか）

（原田比香／中央公論新社）

我家媽媽寄來的包裹確實也很俗氣。不過，到了這個年紀才明白裡頭充滿了關愛。每次讀完之後都會讓心頭暖暖的短篇集。

《那時候在做什麼？》

（あのころなにしてた？）

（綿矢莉莎／新潮社）

這是作家綿矢莉莎二〇二〇年一整年的日記。「疫情期間，那時候在做什麼？」相信能彼此這樣問候的日子就快到了。書中的「不繃緊神經，放輕鬆」這句話說進我心坎裡。

第46集 做點心是從選書的那一刻開始

季節更迭變化很快，我任職的書店所在的購物商城已經開始有巧克力的各項活動。書店裡也增加甜點食譜專區，每天都有很多小女生聚集，相當熱鬧。某個週末，全家出動的一組顧客叫住我。看起來慈祥的爸爸、一頭極短髮搭配大耳環的時髦媽媽，與可能是唸中學和小學高年級的一對姐妹。

「我們想找做可愛甜點的食譜……」於是，我領著他們來到書櫃前。

「兩個女兒要做的嗎？」我問，妹妹說：「是我姊要做給男朋友的啦～」

「妳還不是也說要做給喜歡的男生！」兩人笑笑鬧鬧。

「這樣真的會特別賣力唷！」我對兩個小女孩笑道，一轉過頭發現在後方看著這一幕的父母親，爸爸已愣住（笑）。

「原來不是要做給我的……？」爸爸低聲喃喃，「她們早就過了那個年紀啦！」媽媽說。

「也會做給爸爸啦！」「畢竟要先練習一下嘛。」兩個女兒說。

噢！爸爸真可憐。去下從頭到尾失落的爸爸，挑到食譜後，一家人就離開了。

但是，故事可還沒結束！隔天，那位媽媽一個人來到書店。

「昨天看到女兒們那麼興奮，就愈覺得先生好像很可憐……（笑）。今年情人節我也來久違地做個什麼給他吧！」

看著客人帶著有點難為情的樣子，我鼓勵她：「您真是太棒了！」既然這樣，除了甜點之外也可以試試做些特別的料理？於是我介紹了她一本很暢銷的食譜。「好期待耶。」送走了顧客後，很久沒做甜點的我也有點手癢了。各位不妨一起來，為心愛的人做甜點吧！

我的推薦

圖片提供：台灣廣廈

《圓滾滾 3D 立體餅乾 ：免模具、捏一捏就完成！還有可愛的點心小夥伴們》（ぷっくりクッキーとかわいい焼き菓子たち）

（mocha mocha 著，MOKU 譯／台灣廣廈）

看看這封面有多可愛，而且居然不需要模型！書中還有很多包裝的創意，實用的內容馬上就能派上用場，太棒了。

《居家製作東京迪士尼樂園美味料理公式食譜集》

（Disney おうちでごはん 東京ディズニーリゾート公式レシピ集）

（講談社編／講談社）

在家就可以享受東京迪士尼樂園的料理嗎？說什麼都要做做看吧！推薦一定要與家人或心愛的人共享美好的時光。

第47集 家裡都是喜歡的東西

最近，書店來了一位超時尚的顧客。

明明她身上每一件單品都看似普通，但就是莫名出色。無論是條紋休閒衫、格子圍巾、厚底靴，還是龜甲耳環，都好可愛。看太仔細啦！整個人就像從時尚雜誌裡走出來，好幾次來書店卻陸續買了幾本《東京卍復仇者》，這下子又更萌了。

有一天，看她穿著卡其外套、白色針織衫和裙子，搭配一對大耳環，實在太好看了，讓我忍不住也好想要一件卡其外套，決定下班後就去買。

我工作的書店就在一間購物中心裡，在到處逛逛時，看到一件搭配了小羊毛背心的壓紋外套。好好看……！不過，那件背心穿在我身上看起來會不會很像獵人啊？

我在假人模特兒前面猶豫徘徊一會兒，「要試穿看看嗎？」上前來招呼的店員，竟然就是那位時髦的顧客。原來她是服飾店店員呀～難怪。

店員也笑問我：「咦？您是在書店工作吧？」

試穿時我們又聊了很多，對方十分地爽朗，這下我更欣賞她了。

「妳每次的穿搭都好漂亮喔。」我告訴她。

「我超愛買衣服，整個衣櫃被我塞爆，傷腦筋。」我懂！我也是一不小心家裡的書就愈來愈多！

「我最近看了一本穿衣術的書，滿值得參考的，不嫌棄的話推薦給妳。」聽我這麼說，她隔天就來到書店。

拿到我幫她預留的書，「『使用率100%』，感覺很棒耶。」她露出滿意的模樣。我另外為喜歡漫畫的她介紹最近覺得有趣的漫畫，她也一起買了。

順帶一提，我在她的店裡買了那件外套，在完全遵照她的穿搭建議下，目前還沒有被誤認過是獵人！這件外套非常暖和，成了我在這個冬天的愛用單品。

我的推薦

《讓「不穿的衣服」清零！打造使用率 **100%的衣櫥》**（"着ない服"がゼロになる！稼働率 100%クローゼットの作り方）

（小山田早織／講談社）

衣櫥裡明明有那麼多衣服，要穿時卻總是少一件？其實少量衣服也能打造時尚感！書中有詳盡地解說，很容易照著做。

《時尚 !!1》（ファッション!!1）

（陽菜檸檬／文藝春秋）

閃亮奪目的時尚業界背後是什麼模樣呢？時髦的畫風與緊張的故事發展引人入勝。保證精彩，千萬別錯過！

第48集 節省，並不是忍耐！

某天，我幫休假的同事補貨上架生活實用類書籍：食譜、美容、居家布置等，與生活相關的各類書籍聚集在一區，光是看著就覺得賞心悅目。

這時，我和一位看來不太開心的顧客眼神對上，是個有一頭黑亮鮑伯頭的可愛女孩。是大學生嗎？

「請問有節省術的書嗎？」沒想到從她口中冒出「節省」的字眼，讓我大吃一驚，但這的確是實用書中很受歡迎的類別。要多少有多少啦！

「您要找什麼樣的書？」一問之下才知道，她為了念大學來到東京，而且剛來不久就花太多錢，似乎有點慘。

「因為疫情的關係，待在家裡的時間很長，加上遠距上課時其他人看得到家裡的狀況，就想把房間弄得漂亮一點。」

為了妝點住處陸續購物，等到回過神來才發現沒錢了。我懂～生活小雜貨這種玩意兒，就是會讓人看了每個都想要，不斷散財，這種經驗我也有過。這陣子我才懂得用撿拾到的漂流木來布置家裡，享受省錢樂趣，但想想年輕時買了一大堆生活雜貨，也有點後悔啊……。

我告訴她自己的感想，她興致勃勃地說：「我在網路上看過人家分享，把雜貨掛在樹枝上裝飾的作法，也想試試看！」我先介紹她DIY的書，然後言歸正傳挑選了一本記帳理財相關書籍。結帳後她說：「我會好好看這本書學！下個月再來從購書預算裡買雜貨DIY那本。」

那天下班後我也買了書，是在幫那女孩挑書時看到的，自己很有興趣，也想介紹給大家。節省並不等於忍耐，而是為了能更享受生活而奠定的基礎，換個想法或許比較好。我自己也要留意，別買太多書呀！

我的推薦

《從容整理金錢與生活》

（ゆるっとお金と暮らしを整える本）

（日經 WOMAN 編／日經 BP）

這本書讓我思考該如何與金錢相處，不只是如何存錢，而是如何活出自我的幸福。「從容」二字更是全書的精髓。

《美好生活的成熟理財術》

（素敵に暮らす大人のお金のコツ）

（主婦之友社編／主婦之友社）

想了解優雅成熟的女性都怎麼理財的嗎？優雅之人連與金錢相處的方式也都很有格調呢！

第49集

有家人，才是家

「不好意思，請問營建、裝潢類的書在哪一區？」開口的是一名身穿自然系洋裝的女子。她說因為決定要買房子，想先做點功課研究研究。我說：「很令人期待耶！」沒想到，她露出有些為難的表情，「但其實先生跟我的意見不同，讓我很頭痛。」

住在重新裝潢的老屋一直是她的夢想，但先生喜歡百分之百全新的房子。「我們找到一個條件非常好的物件，我覺得再也沒有比這個更好的了，但先生卻連看都不看就大力反對。」

她說難得條件這麼好，一定要搶得先機。我安慰她：「希望您們夫妻

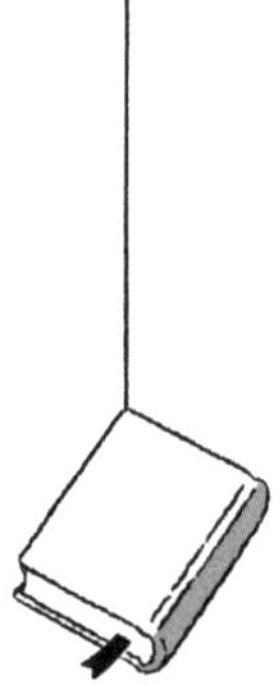

倆能找到共識，有圓滿的結果。」

一星期後，她帶著先生來到書店。

「上次我說的那間房子，馬上就有其他買家下手。不過，這也讓我認清了。」

冷靜下來之後，她才發現自己是刻意漠視先生的心情。

「如果不能讓全家人幸福就毫無意義，我卻只想一意孤行……。後來我有反省了。」

太太的態度改變後，先前放話認為家裡不需要走時尚風，完全不顧太太期望的先生似乎也讓步了，「我們約好明天要去看築淺的二手屋。」

她說想看看懂得美好生活的人寫的書，我便介紹了一本給她；加上這位太太最愛欣賞老宅，於是另外推薦她一套跟老房子有關的漫畫。

目送著感情融洽的夫妻離開，我也反省總是一意孤行的自己，然後在心中暗暗發誓，今天要對先生體貼一點。

我的推薦

《全家人綻放笑容的北歐生活》

（家族が笑顔になる北欧流の暮らし方）

（桑原紗耶香／ Orange Page）

書腰上的「將〈生活〉變成〈興趣〉」完全就是本書精隨所在。生活，本就該充滿樂趣！真心推薦！

《成為世田谷最老洋房的屋主 1》

（世田谷イチ古い洋館の家主になる 1）

（山下和美／集英社）

作者得知一見鍾情的老洋房將要連土地一起賣掉並且拆毀……。描繪為了守護老建築物挺身而出的紀實作品。

第50集　貓咪是一種特別的存在

「不好意思，請問跟貓咪有關的書在哪裡？」開口問我的是一對年輕夫妻。

身穿米色海軍領洋裝、手上提著編織包的太太，身旁是穿條紋衫戴眼鏡的先生。

貓咪相關的書籍，有傳授飼養方式的書，有圖鑑、攝影集，連漫畫跟小說都很多，問了問他們要找的是哪一種，「因為我們接下來想養貓，想找能夠感受有貓的生活的書。」這對夫妻說明。

「其實，我去年有撿過一隻貓……。當時我們還沒結婚，但兩個人的住處都禁養寵物，只好帶去動物醫院請他們找人認養。」

小時候在家裡養過貓的太太，對那隻貓咪念念不忘，趁著結婚搬到可以養寵物的住處，接下來就準備要尋找適合的貓咪了！結果，「今天先生找我到附近的寵物店，我看了看總覺得沒Fu。」

似乎是先生過去沒有飼養動物的經驗，覺得要養寵物就是到寵物店，太太卻說：「想養像去年撿到的那種貓咪。」

從小就和小動物一起生活的太太，對於貓咪的飼養應該很熟悉了，「既然這樣，挑本讓先生了解『就是想過這種生活』的書比較理想！」於是我推薦了一本。另外也告訴他們「附近有個地方會辦貓咪認養活動，可以去看看」。

目送買了書的兩人離開，幾個月後在店裡的「貓咪飼養方式」書櫃前又看到他們，兩人面帶笑容：「我們領養到貓咪了！」是一隻在認養會上遇到的兩歲貓咪。

「我本來比較想要幼貓，但是當場眼神一對到，便確認『就是你啦！』」

這位太太說，想送上次我介紹的那本書給愛貓的朋友，讓身為書店店員的我感到好欣慰，不禁也露出了笑容。

我的推薦

《爺爺奶奶與阿菊貓 2》

（湊文著，黛西譯／台灣角川）

來自貓中途咖啡館的阿菊貓與老夫婦平靜安穩生活紀實，如果自己老了之後也能這樣生活，不知道有多幸福。

《貓咪四字成語辭典》

（にゃんこ四字熟語辞典）

（西川清史／飛鳥新社）

超可愛的貓咪照片，搭配四字成語的辛辣吐槽。除了自己珍藏，也很適合送給愛貓的朋友！

第51集 即使相隔兩地也掛念著先生（的健康）

有一天，我在食譜書櫃前看到一名表情嚴肅的女性顧客正在選書。我猜應該跟我差不多，年近四十歲。

我懂……每天做三餐，很苦惱吧！我經過時心生共鳴。大概一小時後走到同一區，那名顧客維持一模一樣的表情，繼續看著架上的食譜。通常在小說或雜誌區會有待得很久的顧客，但站在原地盯著食譜超過一小時的人倒是很罕見。

我若無其事地走到她身邊，「想找什麼呢？需要協助的話請不用客氣唷。」我說完之後，那位女士露出為難的表情，「傷腦筋，不知道什麼樣的書比較好。我先生最近調職到外地了……」

她說先生每晚都會打電話回家，問先生晚餐吃什麼？結果聽到的都是重口味的調理包或是冷凍食品大全餐。

「再這樣下去我真擔心先生的健康出問題，想說至少做點吃的用冷凍宅配送給他。」

太優秀了！我暗自佩服，她一定是個愛做菜的人吧。結果……

「可是我很不會做菜啊。」

咦咦咦咦！不會做菜？！

「您是因為擔心先生的健康，才會想要挑戰不擅長的事嗎？好感人喔！」

這一定是真愛了吧，了不起！太了不起！

「不過，現在家事、帶小孩都要我一個人包辦了，如果還要加上幫先生張羅三餐，我光是用想的就心累（笑）。」

我也笑著說：「那倒是！」

「不如趁這個機會讓先生開始學做菜呢？」我提議後，先介紹最近很紅的食譜。另外拿了近期我自己看了最有共鳴的一本飲食書，推薦給這位女士。「哇！感覺很有趣！」最後她兩本都買了，帶著笑容離開。

搞不好，之後她先生會變得很會做菜喔！

我的推薦

《拯救廚房絕望者的食譜 零動力料理術》

（ごはん作りの絶望に寄り添うレシピ やる気 0%からの料理術）

（本多理惠子／ MdN）

竟然有如此貼近日常生活的食譜，我們可是動力十足呢！

《打破料理常規的終極美味 100 道：從經典家常菜、異國料理、晚酌必備到甜點輕食，超實用創意食譜全收錄》

（竜士著，周雨枏譯／麥浩斯）

反正照著竜士的食譜做就絕對錯不了。真的，來試試看吧！

NO!
書店店員大小事
書店裡最怕的就是水
還請各位
多多配合……

第52集

我都已經不年輕了，父母當然也會老

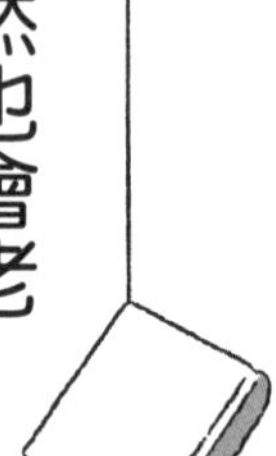

有天，我和另一名年紀相近的同事在倉庫理貨，同事突然喃喃說道。

「這種時候聊天的話題啊，年輕時就是講談戀愛的吧？但現在呢，別說戀愛了，就連帶孩子的時期都過了，閒聊的話題要不是自己的健康狀況，就是父母的長照問題吧……」

唉，聽了雖然傷心，但這就是現實。自己年紀增長的同時，父母也在老去，照護話題更加實際而迫切。「真難過呀～！」邊說邊上架，之後看到同樣和我年紀差不多的女性顧客，表情凝重站在「親人照護」的書櫃前。

「需要找什麼書可以跟我說唷。」我主動上前招呼，她說：「我想找長照相關的書。不過，實務方面的前幾天已經買了。」

一問之下得知，家人因為對於照顧父母的態度不同，讓她很煩惱。

「我哥哥結婚後住得遠，現在主要是由住在老家附近的妹妹和我負責照顧爸媽。」她說單身的妹妹工作忙碌，實際上要長照也不容易。

於是，妹妹負責跑行政單位跟準備需要的各類文件，至於身為家庭主婦外加兼職的她，則每天回娘家照料父母。此外，他們也請過幫傭等做了各種努力，每天還是覺得精疲力盡，長期下來真是心力交瘁。

「是不是該跟家人吐苦水呢？」聽她這麼說，我大力贊成。雖說想找長照的書，但實務上的大小事她已熟悉，「今天不如選本貼心療癒的書吧？」我介紹了幾本，她拿了其中一本翻閱了幾頁後，「根本是在講我！這書就像朋友啊。」她說。

希望讀了之後，她能感覺自己並不孤單，也希望下次再見到她時能更有活力。

我的推薦

《健康以下，長護未滿 長照父母說明書》

（健康以下、介護未満　親のトリセツ）

（ka-tan ／ KADOKAWA）

王牌主婦部落客如何面對父母的老去。有淚水、有歡笑、又實用，可說一舉三得。

《父親獨自離世 此刻能為遠距父母所做的事》（父がひとりで死んでいた　離れて暮らす親のために今できること）

（如月 Sara ／日經 BP）

作者忠實記述當父母突然過世時內心的激動，相當震撼。希望父母還健在的你，能在此時讀一讀這本書。

第53集 你喜歡露營嗎？

近年來的露營熱潮，讓書店裡的戶外休閒專區占有一席之地。

這天正值假日，書店裡很多扶老攜幼的一家人，相當熱鬧。看著露營工具專書的爸爸，挑選野外食譜的媽媽，以及湊在一起試閱露營漫畫的孩子們。正當我看著這溫馨的一幕出了神，一位戴著眼鏡、態度認真的女性顧客上前來詢問。

「請問……有沒有那種，看了之後就能輕鬆成功露營的書呢？」

原來是她先生突發奇想說要去露營。「我們從來對戶外休閒就完全沒興趣，總覺得一竅不通就這樣跑去會不會很慘。好擔心哪！」這也難怪。

我建議她，不如先找熟悉的同伴一起去呢？「就是說呀！我妹他們夫妻很喜歡露營，我也提了先跟他們一起去，我先生卻堅持自家人才能真正放鬆。」

既然這樣，就交給先生一手包辦呀？但似乎也不是辦法，「先生不但完全沒有露營的經驗，而且手腳還笨拙到一個程度……」於是，我建議她先挑一本給超級新手的書，然後找個行家請教，還介紹了附近的露營用品店給她。

過了差不多兩個月後，她再次來到書店。「後來我們去露營用品店問了店員，才知道先生嚮往的那種露營對我們來說太挑戰了。」

反問先生為什麼突然想露營了，「知道最大的原因是他想要體驗在大自然中的生活，後來就決定這次去住鄉村小木屋。」

聽說在小木屋度過的時光非常愉快，讓他還想要體驗更多。那天，顧客又買了能更加享受露營樂趣的書，相信下次一定會更開心的！

我的推薦

《露營時必做的 100 件事》

（キャンプでしたい 100 のこと）

（Fig Inc. 編／西東社）

書上收錄 100 道料理，讓人想一一嘗試。插畫也很可愛，光是拿著就能感覺幸福的一本書。

《搖曳露營△》

（あｆろ著，陳楷錞譯／東立）

想要了解露營，就一定要先看這套漫畫。還沒看過的人趕緊跟上，會讓你對露營的嚮往滿點。

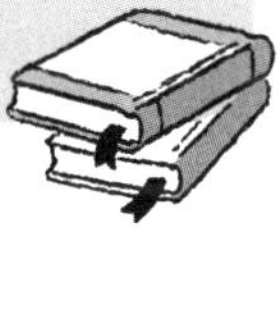

〈第54集〉

四十歲之後，盡情享受人生的才是贏家

某天，我和老朋友碰面。為了安慰剛離婚的友人，我又找了另一個朋友，是三人的迷你聚會。因為前夫出軌而離婚的朋友說：「對方那個女的年輕又漂亮……」她為此感到很失落。

「我經歷那麼多事情，精疲力盡，化妝也很隨便，身上的衣服皺巴巴，結果到了談判現場看到前夫帶來的外遇對象，不但穿得很時髦，還畫了全妝！」

「哎……難怪會讓人沮喪……」

「回到家之後我到鏡子前面好好看看自己，發現除了白頭髮之外，還有皺紋、斑點……。而且！認真再仔細看看，覺得連妝都畫得好老氣。」

這時，另一個朋友（任職服飾店、天生愛打扮）聽了之後激動地說：「就跟妳說，化妝也要與時俱進，人還是要打扮才好啦！人生接下來才要開始，千萬別放棄！」

愛打扮的友人輕拍著沮喪的朋友肩膀，順便介紹她最近常看的美妝達人影片。

「這個人的書現在我們書店也剛上架喔。」我說。「那我要下禮拜去買嗎……」本日主角笑道。

到了下週，兩位友人來到我工作的書店。

「咦？妳整個人感覺不一樣了耶！怎麼會這樣？！」

是的，上星期還失魂落魄的朋友，此刻脫胎換骨容光煥發。

「後來我看了影片就躍躍欲試，去百貨公司買了化妝品，還去買了新衣服。」

「那就事不宜遲！」我趕緊把上次提到的書拿給她，順便推薦陳列在旁邊的書。結帳後，一名看似跟我們年齡相近的顧客問我。

「請問……剛才您推薦給那位客人的書在哪裡？聽起來好像很有趣。」

這位顧客最後也買了同樣的書。

好！大家一起變漂亮吧！

我的推薦

《7 天內走出老化迷宮的蛻變計畫》

（7 日間で「老け顔」迷宮から抜け出す化け活。）

（老化子／主婦之友社）

這本書只有一個字：神！人氣 YouTuber 親授四、五十歲讀者美妝技巧，毫不藏私！

《內心強大的美女白川小姐》

（メンタル強め美女白川さん）

（獅子／ KADOKAWA）

改編成電視劇也引發熱議的白川小姐，和我們一樣都生活在充滿著負面情緒的世界，她卻永遠正向樂觀又快樂！我真想學習白川小姐那堅強的精神！

第55集 雖然當下真的非常辛苦

我工作的書店位在一座購物商城裡面。有一天，我趁著休息時間想到生活雜貨店挑選送給朋友的禮物。走進店內，有位已經在裡頭的女性顧客一臉認真地挑選物品。她先是拿起花瓶思考了一下，看著一排動物擺設又皺起眉頭。

店員過來問她：「您想找些什麼呢？」顧客說：「我想換一下家裡的布置，想加點擺飾，卻拿不定主意該放什麼才好。」

「那麼，要不要看看這個呢？外表是可愛的擺飾，其實裡面還可以收納……」

迅速買完結帳收工的我，想到對方接下來要換家中布置，好期待喔～

完全是別人家的事情，我也雀躍地走出店內。

休息時間結束，在我上架商品時，「我想找關於收納的書……」開口的是先前在生活雜貨店裡看到的那位顧客。

「最近我在整理家裡，想試著把家裡弄得好看一點，但不知道怎麼搞得卻弄得比之前還亂。」

「啊！有時候的確會這樣！不過雖然一時覺得亂，但東西收納起來應該會清爽一點。」

聽起來這位顧客本來就不喜歡也不擅長整理，生了小孩之後因為忙碌，自然而然就拖延下去，長期下來家裡亂到很難收拾。

「孩子還小的階段，有時候真的沒辦法呀……」

我家在孩子小時候也很恐怖，餐桌上全是各類印刷品，還有已經搞不清楚是什麼的手作品，堆積如山；地板上到處都是小積木，像忍者的撒菱一樣（一不小心踩到的話會痛到想哭）。

「如果能先建立整理的規則，或許會輕鬆一點。」除了暢銷的收納書，我還介紹另一本改善拖延症的書，很適合這位顧客。

過去，我對於家裡到處都是孩子的東西、亂七八糟的景象感到不耐煩，但現在就連撒菱積木也令我萬分懷念。看著顧客離去的背影，我竟然有些羨慕呢！

我的推薦

圖片提供：台灣廣廈

《不留空隙的聰明收納》

（森之家著，胡汶廷譯／台灣廣廈）

只要把空隙填起來，沒想到，竟然可以變得這麼整潔……（驚）。我想無論什麼樣的居家格局都適用，特別推薦養貓人家！

圖片提供：遠流出版

《一本書終結你的拖延症》

（大平信孝著，林于楟譯／遠流）

你！就是提不起勁的你！這裡有一本超棒的書！從理論到實踐非常貼心地一一指導，非常推薦，一定要讀讀看！

第56集 大家喜歡自己的工作嗎？

某天，我在漫畫區鋪貨時，有名年輕女孩過來對我說：「最近好嗎？」面對露出友善笑容盯著我看的女孩……對不起！我壓根想不起來妳是誰！看我一臉茫然，她噗嗤笑著說：「是我啦！○○呀！」原來是我年輕時某位主管的女兒，最後見到她時還是小學生吧？「我媽跟我說妳在這間書店工作。」

因為她的公司就在附近，回家之前繞過來看看。我說我也快下班了，她便提議「要不要一起喝杯茶？」邊喝邊聊起她的近況，最近男友跟她求婚了。

但是，她的表情似乎不怎麼開心。原來之前她和男友父母見面時，對方的媽媽說「往後請照顧我兒子呀！」男友聽了之後也心滿意足地點著頭，這讓她感覺不太舒服。

「我當然會照顧他啊……但接下來還說希望我辭掉現在的工作耶。」她說最近剛調到一直很嚮往的部門，「覺得工作很有成就感。」也這樣告訴男友，對方卻說，「但是換個輕鬆一點的工作比較好吧？之後還有家事要忙耶！」

「活著只為了工作感覺好孤獨，又擔心這樣會不會一輩子都一個人。」她說。結果那天我們沒有任何結論，就這樣道別……。

季節更迭，正當我想聯絡一下問問她的近況時，她又繞來書店了。「我跟他分手囉～」聽她這麼說，我問：「妳待會兒有空嗎？我快下班了！」

等我下班之後，我遞給她兩本此刻最推薦的漫畫。她一拿到就翻了起來，「哇～這什麼故事？也太好看了吧！」

「我真的很愛工作，而且仔細想想，也沒那麼討厭一個人（笑）。」

她說。在車站閘門前目送用力揮手的她，同時思考著能說出樂在工作是多美好的事。

雖然工作有時候辛苦、有時候疲憊，但有那麼一瞬間能感覺好開心，真是幸福。

我的推薦

《魔法光源股份有限公司》

（岩田雪花原作，青木裕繪，潘琳芸譯／長鴻出版社）

你喜歡魔法少女嗎？前所未見的「魔法少女╳工作漫畫」。這麼出人意表的設定，卻令人有大大共鳴。目前最推的作品。

圖片提供：長鴻出版

《沒問題俱樂部》(大丈夫倶楽部)

（井上麻衣／ TWO VIRGINS）

想要「沒問題」的你，這本書就是為了你存在！經常使用這三個字，就會像是魔法咒語一樣有著不可思議的能力。你讀了之後，就會「沒問題」的。

第57集

雖然這不是禮物，但……

有一天，有名高中男生在店裡開口叫住我。這男孩我不時會在輕小說區看到他，長得很高，頭髮剪得短短的，清爽俐落，大概是剛結束社團活動，只見他背著大大的運動背包。

印象中這是他第一次向店員開口，我隨口問他：「要找什麼書嗎？」他說想找的是國民貓型機器人系列電影改編的輕小說。我領著他走到書櫃前，他說：「這本已經有了，想買其他的。」我告訴他可以調貨，他卻說：「但我想在今天送人。」一問之下才知道，他有個從小認識的女孩，最近不太想上學，他想帶書去探望她。

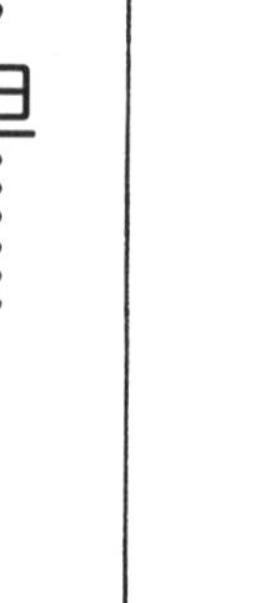

兩家人連父母感情都很好，男孩從母親口中聽到女生的近況，「聽說她本來完全不看什麼小說，結果說這本書好好看，一口氣就讀完了。」男孩心想，既然這樣就找這個系列的其他作品給她……。我先因缺貨向他道歉，再告訴他：「其實這部輕小說每一本的作者不一樣唷。她讀的那本是辻村深月老師的作品，不如你買同一個作者的書給她？」「真的嗎！好啊！」

我推薦他《鏡之孤城》，他說：「那我就先買上冊。然後啊，生日時剛好爺爺送我圖書禮券，再買一本其他的。」

他從我推薦的幾本書中挑了一本，看著要送人的那本說：「這一定很精彩吧，之後再跟她借來看。」

「要幫您用禮物袋裝起來嗎？」他說：「這不是什麼禮物啦，用一般的袋子就好。」不知為何，我聽了差點哭出來。

幾天後，我在文庫區看到有個跟前幾天那名男孩年齡相仿的女生，跟媽媽一起，母女兩人還拿了那本書的下冊。雖然不確定是不是那男孩的兒時玩伴，但我猜想，大概，一定錯不了。看到在一旁偷偷拭淚的我，同事嚇了一跳問：「妳怎麼啦！」（笑），但對我來說，這是近期最令人欣慰的一幕。

我的推薦

圖片提供：皇冠文化

《鏡之孤城》

（辻村深月著，劉愛夌譯／皇冠文化）

在 2022 年的改編電影也引起熱議，前面也推薦過這本書，無論讀過都少次都讓人鼻酸，傑作中的傑作。

《圖書館的方舟》（図書室のはこぶね）

（名取佐和子／實業之日本社）

描述一群高中生在體育大會一週前青春熱血的故事，書中介紹到的書也全是名著。

《應如玄關窺視孔透出的光線般誕生》

（玄関の覗き穴から差してくる光のように生まれたはずだ）（木下龍也、岡野大嗣／ nanaroku 社）

描寫兩名高中男生七天內的生活。青春的光影兩面，因為短歌形式更令人感到鮮明強烈。

第58集

希望妳喜歡原本的自己

「那我們先回去囉！」

在書店門口目送兩位朋友離開的，是經常來買東西的女高中生。皮膚白皙，長得很可愛，讓人忍不住想給她一個擁抱。覺得她很可愛的不只我一個，同事們也都很期待看到開朗的她。

「我要買這個～」滿面笑容的她，穿著膨鬆飄逸的裙子。「好好看喔！」聽我這麼說，她淡淡應了一句：「總覺得哪裡不太對。」看著結帳後走出書店的她，可能是我想太多，但她好像沒什麼精神。

兩天後，休假的我因為有想買的書而來到書店，遊走在書櫃之間物色。大概是中午放學時間，漫畫區擠了好多學生。我在人群中看到那個女孩，彼此眼神對上，「那本漫畫很好看喔！」我推薦她。「咦？您好，今天穿便服耶！」

當我問她為什麼手上拿著漫畫一臉煩惱的樣子，她說：「少女漫畫裡的主角太可愛了吧，而且超瘦耶。」看著可愛主角的漫畫，她有點討厭自卑的自己。

「減肥也完全瘦不下來，穿裙子又不好看……」

然後，「其實我的體重……」我小聲告訴她，「咦！什麼？！」↑太失禮了吧？「而且這還是最近瘦了兩公斤下來的數字喔。」「看不出來耶。」看她很驚訝，我說：「我只是穿的衣服顯瘦啦。」

我推薦她裙子可以挑窄一點的，「這條裙子是在哪裡買的？」我說買同款也可以唷，告訴她店家（在超便宜特賣店買的）之後順便推薦她漫畫。

幾天後，身穿橘色印字運動衫搭配窄裙的她來到書店，「怎麼樣？」

我問。她說：「嘿嘿嘿，朋友也稱讚好看！謝謝妳！」她還買了我之前推薦的漫畫。

原本的她就很吸引人，但我更希望她能喜歡自己。

逐漸改變的她，在我眼中光彩十足。

我的推薦

《大和乃戀愛寶地》

（やまとは恋のまほろば 新裝版）

（濱谷美緒／文藝春秋）

帶有自卑感的大一學生穗乃香，以大學的古墳研究會為舞台，與帥氣學長和同學相伴下成長的戀愛故事。精彩的傑作，讓讀者會為了支持學長還是同學而糾結一整晚！

《35 歲開始的人生最後一次節食》

（35 歳からの人生最後のダイエット）

（Niyon ／ Benesse Corporation）

作者 Niyon 女士，妳真是了不起！我照著書上的做，立刻就瘦了兩公斤。好奇的你務必要試試看。

〈完結篇〉

直到與心愛之人分別的那天

新書區台前有一對年輕夫妻正在吵架，其他顧客忍不住投以好奇眼光，我也想過去上架新到貨的漫畫，是不是該去跟他們說一聲了……。

我在店裡來回走了幾趟後，看到一名頭髮灰白的男士說：「不好意思打擾了，我想拿放在這裡的漫畫。」他語帶俏皮地從那對夫妻之間伸出手，拿起一本漫畫。

瞬間沒了氣勢的夫婦，變得靜悄悄……。「吵架是件好事唷。」笑著對我說的那位男士是常客。正確來說，他的太太是常客，男士經常和熱愛漫畫的太太一起來到書店。這時他手上拿的正是那本國民現象等級的海賊王漫畫。

「我記得您在追這套嘛？」我說，他回答：「是我太太啦！」這時我突然想到，最近好像都沒看到他太太，「今天夫人也一起來嗎？」他說：「她啊，年底突然就過世了……」

男士苦笑著說道：「我太太真是的，直到最後都這樣嚇人呢。」他看著手上的漫畫，「最近她都沒看漫畫。因為很忙，還說『之後再一口氣看吧』，早知道就該先看的呀！」

我再也忍不住而掉下眼淚，男士連忙說：「別哭呀，她現在一定也在那個世界笑著呢。不過，我猜她大概想看些新的漫畫，可以請妳挑選她會喜歡的嗎？」

我把先前想著若再遇到老太太要推薦給她的漫畫拿給先生。我想她一定會喜歡的……。其中一本更是以妻子過世的男性為主角。

「這本請您也看看。我想，您太太也會希望和您一起讀的。」他聽我這麼說，「以前年輕時啊，我們一起看漫畫，她老是氣呼呼地說我『一頁也看太久了吧！』我猜我又會惹她生氣了。」他笑道。

「請繼續光臨本書店。」他回應我：「嗯，下次見！」

看著男士走出書店的背影，我彷彿看到太太就陪在他的身邊。

我的推薦

圖片提供：台灣角川

《再次綻放的花》

（schwinn 著，此木譯／台灣角川）

先生過世的花代，認識了經營化妝品專賣的芳子……。兩人互相吸引逐漸改變的過程莫名動人。無論活到幾歲，都可以改變！

《天國堂咖啡館～ Around Heaven》

（天国堂喫茶店～アラウンド・ヘヴン）

（野崎文子／双葉社）

妻子過世後，先生在太太留下來的咖啡館繼續沖煮咖啡。在這間奇妙的店裡，人人都會莫名説出真心話。讀過之後，會覺得夫妻之間的愛真是美好。

結語

明天，要來逛逛書店嗎？

本書就在這篇結語中結束，非常感謝讀到這裡的各位。這些都是一名大餅臉店員在書店裡一個勁窮緊張的故事，不知道大家讀起來還喜歡嗎？啊！莫非有人是看書先從「結語」讀起的？那也無妨。就麻煩讀到最後，然後再回到「前言」。

冒昧地請問各位，常會有人向你問路嗎？

我真的就一天到晚遇到耶！不只是問路，連在超市也會有站在旁邊的主婦問我：「這種青菜該怎麼料理比較好？」排隊上廁所時，在我後面的人主動開口：「怎麼這麼多人？」要尋求我的認同。甚至在電車上遇過鄰座大叔跟我談起他的離婚煩惱（害我錯失下車時機，在山手線上繞了一圈）。

就這樣，擁有「被搭話體質」的我，因緣際會成了書店店員，並且很榮幸在《39！主婦生活情報誌》連載起與書店顧客的互動小故事……。

本書正是集結了這五年來連載的內容。連載展開初期，我還是個新進書店店員，歷經多時，現在的我已經很有派頭了……

雖然我很想自豪這麼說，但所謂派頭只展現在我的身材上，工作方面仍舊不時犯錯，每天還是手忙腳亂、倉皇失措。

會讀這本書的人，想必一定也喜歡書店吧！

雖然這是個在網路上簡單點擊幾下就能在家收到書的時代，但在書店裡，仍然有無法預料的美麗邂逅隨時在等著你呢！

如果能讓各位讀完本書後，心想「明天去逛逛書店吧！」那我就太幸福啦。我隨時都準備了好多推薦書單，期待各位大駕光臨！

森田惠

富能量 131

你好，我是書店員

今天想找哪本書？ 59 則和買書有關的讀者故事，還有職人的工作日常與推書清單

作　　者：森田惠
譯　　者：葉韋利
插　　畫：ながしまひろみ
責任編輯：賴秉薇
文字協力：楊心怡 I Amber_Editor_Studio
封面設計：許晉維
內文設計、排版：王氏研創藝術有限公司

總 編 輯：林麗文
副總編輯：賴秉薇、蕭歆儀
主　　編：高佩琳、林宥彤
執行編輯：林靜莉
行銷總監：祝子慧
行銷經理：林彥伶

出　　版：幸福文化／遠足文化事業股份有限公司
地　　址：231 新北市新店區民權路 108-3 號 8 樓
粉 絲 團：https://www.facebook.com/happinessnbooks
電　　話：（02）2218-1417
傳　　真：（02）2218-8057

發　　行：遠足文化事業股份有限公司（讀書共和國出版集團）
地　　址：231 新北市新店區民權路 108-2 號 9 樓
電　　話：（02）2218-1417
傳　　真：（02）2218-8057
電　　郵：service@bookrep.com.tw
郵撥帳號：19504465
客服電話：0800-221-029
網　　址：www.bookrep.com.tw
法律顧問：華洋法律事務所蘇文生律師
印　　製：呈靖彩藝有限公司

初版一刷：2025 年 5 月
初版三刷：2025 年 6 月
定　　價：380 元

國家圖書館出版品預行編目 (CIP) 資料

你好，我是書店員：今天想找哪本書？59 則和買書有關的讀者故事，還有職人的工作日常與推書清單 / 森田惠著；葉韋利譯 . -- 初版 . -- 新北市：幸福文化出版：遠足文化事業股份有限公司發行, 2025.05
　面；　公分
ISBN 978-626-7680-16-2 (平裝)

1.CST: 書業 2.CST: 通俗作品

487.6　　114004072